食の戦争

米国の罠に落ちる日本

鈴木宣弘

文春新書

927

食の戦争——米国の罠に落ちる日本◎目次

はじめに　食の安全を手放すな

「今だけ、金だけ、自分だけ」は、最近の世相をよく反映している。目先の自分の利益と保身しか目に入らない人々が多すぎる。しかも、国民の幸せではなく、目先の自分の利益しか見えない政治家や、人の命よりも儲けを優先する企業の経営陣が国の方向性を決める傾向が強まっている。

物事には、いくつもの側面がある。自分に都合のよい側面のみに基づいて主張を展開すれば、信用されないように思われる。しかし、多くの場合は、意識的になのか無意識のうちになのかはともかく、各自の利害に基づいた偏った見方が、「正論」として、まことしやかに主張される。肩書きをみれば、もう話は聞かなくても、その人の書いたものなど読まなくてもわかるくらい単純明快な場合が多い。そして、立場が違えば、その「正論」が真っ向から対立する。

それぞれの立場の人々が、自分たちの目先の利益だけで極論をぶつけ合っても、かみ合わないし、全体としての長期的な利益は損なわれるかもしれないが、なかなか、その点には気がつかない。皆、自分たちの目先の利益のみに目を奪われ、支え合う気持ちを失い、やがては、全体が沈んでいって、そこで初めて気づくのかもしれない。しかし、そのときではもう遅いであろう。我々が直面している日本の現実には、悲しいが、そのような危うさを感じる。とりわけ「食」をめぐる日本の現状は危機的だ。

筆者は、農林水産省の国際部国際企画課で、農産物の国際需給の逼迫《ひっぱく》問題、そして農産物をめぐる国際交渉に関わった経験から、農産物の国際需給動向の分析や農業政策、とりわけ、農産物貿易自由化の影響などの貿易政策の評価に関わる研究を主たる研究分野としてきた。また、当初の研究の主たる対象品目が酪農であったため、遺伝子組換えの牛成長ホルモンなど消費者が安全性や環境への影響に不安を持つようなバイオテクノロジー新技術の導入の是非を評価する研究を20年以上にわたって行ってきた。そうした立場から、日本の「食」をめぐる現在の危機とそれに対する処方箋を考えてみたのが本書である。

食料をめぐる問題にも、生産者、生産者組織、メーカー、流通業、小売店、消費者、経済界、政治、行政、研究者など様々な立場があるが、それぞれの近視眼的な利害を超えて、将来の社会全体の長期的繁栄を総合的に考えた議論が行われているとは、とても思えない。

関税撤廃などの貿易自由化を含め、国の内外を問わず叫ばれる「規制緩和を徹底すれば全てうまくいく」という主張も、経済学の初歩的な論理を「今だけ、金だけ、自分だけ」の人々とそれに付随した人々の利益のために「悪用」しているように思われる。

とりわけ、こうした動向の中で、いま食の安全に関わる様々な不安がある。ＴＰＰ（環太平洋経済連携協定）をはじめとする貿易自由化や規制緩和の徹底は、食の価格競争を激化させる。食を極端な価格競争に巻き込むのは危険だろう。食の安全が脅かされることは避けなければならない。食材に農薬や窒素がどれだけ入っていようが、安ければよいということになったら、これは販売戦略以前の問題である。端的に言えば、人の命、子供たち、我々の子孫の健康を蝕んでまでして儲けて何になるか、ということになろう。

また、食料問題には、食料の質の安全性の問題と同時に、量の確保の観点からの食料の国家安全保障上の重要性がある。この点に関して、アメリカがいかに戦略的かということを物語るエピソードがある。アメリカの食料戦略の一番の標的は、日本だとも言われてきた。アメリカのウィスコンシン大学の教授が農業経済学の授業で、「食料は軍事的武器と同じ『武器』であり、直接食べる食料だけでなく、畜産物のエサが重要である。まず、日本に対して、日本で畜産が行われているように見えても、エサをすべてアメリカから供給すれば、完全にコントロールできる。これを世界に広げていくのがアメリカの食料戦略だ。

そのために、諸君も頑張れ」という趣旨の話をしていたことが、留学していた日本の方の著書に紹介されている。これがアメリカにとっての食料政策の立ち位置なのだということを我々は認識しなくてはならない。

我々は原発事故でも思い知らされたはずだ。目先のコストを惜しんで、いざというときに備えて準備しなかったら、あとでとんでもない取り返しのつかないコストを払うことになる。食料についても、まさに同じ構造で捉えられるのではないか。

確かに国内で農作物を作るとなれば、アメリカやオーストラリアに比べてコストは高くつく。しかし、高いからといって、全てを安い輸入品に任せておけばいいとなったら、いざというときにどうなるか。

2008年に、世界が食料危機に見舞われたことは記憶に新しい。穀物生産国における干ばつや原油価格の上昇は肥料や食料や輸送費の高騰をもたらし、バイオ燃料やアジアにおける飼料穀物需要の増大など複合的な要因が絡んで、劇的な食料価格の高騰へとつながったと言われる。供給不足のしわ寄せは途上国に広がり、暴動をもたらす事態となった。あのときと同様の輸出規制により、お金を出しても他国がコメを売ってくれない事態になれば、日本国民は基礎食料を失うことになりかねない。

結局、自由貿易の利益について議論する際には、そうした長期のコスト意識が含められていないのである。食料自給を放棄して他国に委ねれば、食料の確保が危うくなりかねない。食料は人々の命に直結する必需財なのである。だからこそ、少々コストが高くつくように見えても、国産をしっかり支えてこそ、実は長期的なコストは安くなるという認識を持たなければならない。その教訓は原発事故で思い知らされたはずである。

しかしいま、TPPによって「今だけ、金だけ、自分だけ」に走る人々が、食の安全性や安全保障を軽視し、国民の命と健康を危険にさらしかねない事態が進行している。例外なき関税撤廃によって、世界の食をアメリカが握り、「食の戦争」に勝利するための戦略を強化している。

折しも、日本の「郵政マネー」の米国保険会社による強奪が2013年7月に判明した。かんぽ生命が米国保険会社（アフラック）と提携して、全国の郵便局でアフラックのがん保険を売り出すことになったというのである。TPP参加をアメリカに承認してもらう「入場料」として、アフラックのシェア拡大のために「がん保険に参入しない」ことを約束させられたが、さらに事態は進んで、アフラックに優先的に市場を明け渡すという「乗っ取り」を完全に認めてしまったのである。アフラックにとって「対等な競争条件」は名目で、競争せずして自分が市場を強奪できれば最高だったのであり、完全にアフラックの思うつぼにはまったことになる。これは、「米国企業による日本市場の強奪」というTPPの正体を露骨に現す事態である。食料市場の行方を考える上で非常に象徴的で、示唆的である。

本書では、そのような流れがどのように進行しているのかを、具体的事例に基づいて解説し、また食料政策をめぐる立場が違うことによって、どれだけ相反する見解が生まれるか、という点についても見ていきたい。そして、それらの議論を収斂《しゅうれん》させて、長期的、総合的な判断へと導くにはどうしたらいいのか、日本人が冷静に考えるためのヒントを提供していきたい。

繰り返すが、食料に安さだけを追求することは、命を削ることと同じである。次の世代に負担を強いることにもなる。そのような覚悟があるのかどうか、ぜひ考えてほしい。なお、「今だけ、金だけ、自分だけ」というフレーズは、池田整治氏の『今、「国を守る」ということ』（ＰＨＰ研究所、２０１２年）よりヒントを得たことを申し添えておく。

第1章　戦略物資としての食料

安さに目がくらむ消費者になぜなったのか

日本人は食の安全性に敏感だという見方もあるが、本当にそうだろうか。世論調査では、「高くても国産を買いますか」の問いに90％近くがハイと答えるのに、食料自給率（カロリーベース）は39％というのが日本である。つまり、安全性を考え国産の食料を欲しているとはいえ、実際には安い食料に手が出る傾向が強いのである。この上、TPPによって主食であるコメの関税までもが撤廃されることになれば、1俵（60kg）当たり3000円のコメが外国から入ってくることになる。日本のコメがいくら安全でおいしいということであっても、1俵の生産コストは現在1万4000円はかかる。ここに1俵3000円という、安く、しかも、けっこうおいしいコメが入ってくるとなれば、国産米は危機にさらされる。

日本には地域各地に農林水産業があり、地域の食、日本の食が守られ、地域の関連産業や地域コミュニティが成立している。そのことを消費者である私たちが認識し、生産サイドも、自分たちの生産物の価値を、農がここにあることの価値を、最先端で努力している自分たちが伝えなくて誰が伝えるのかという気持ちで、もう一度問わねばならない。

戦略物資としての食料の認識の乏しさ

世界的には「食料は軍事・エネルギーと並ぶ国家存立の三本柱だ」と言われているが、日本では、戦略物資としての食料の認識もまた薄いと言わざるをえない。食料など経済力でいくらでも買えるものだと思っていて、市場にはいつも新鮮な農産物があるのが当然だと思っている。だから、食料政策や農業政策の話になると、「農業保護が多すぎるのではないか」といった論点ばかりで、「安全でおいしい食料をどうやって確保していくのか。そのために生産農家の方々とどう向き合っていくのか」という議論にはなりにくい。しかし、その認識の薄さは大きな危険性をはらんでいる。

前述した２００８年に深刻化した世界食料危機を思い出してみてほしい。何が食料危機をもたらしたのか。

需要の増加と供給の減少による需給の逼迫が引き金になったことは確かだが、むしろ需給原因では説明できない「バブル」（需給実態から説明できない価格高騰）の要因が大きかったことを深刻に受け止めなければならない。というのも、世界的にはコメの在庫が十分あったにもかかわらず、お金を出してもコメを手に入れられないという事態が起きたからである。高騰した小麦やトウモロコシからの代替需要で、コメ価格が上昇するのを懸念したコメの生産輸出国が、コメの輸出規制を行った。

その結果、トウモロコシを主食とするエルサルバドルが食料危機に陥ったのはもちろん、コメを主食とする中米のハイチ、フィリピンでは、お金を出してもコメが買えなくなり、ハイチなどでは死者が出る事態となったのである。なぜそうなったのかと言えば、アメリカの食料戦略のもと、主要穀物をアメリカからの輸入に依存する状況ができあがっていたからである。つまり、もともとはコメの有数の生産国でありながらコメの関税を極端に低くして輸入を促進したため、コメ生産が縮少してしまっていた。さらに各国の輸出規制でいざという時にコメを輸入しようと思っても、対応できなかったのである。このように、アメリカが他国の関税を削減させてきたことによって穀物を輸入する国が世界的に増えている。

つまり、この危機は、干ばつによる不作の影響というよりも、アメリカの食料戦略による「人災」の側面が強かったのである。日本もTPPに参加することになれば、こうした事態が他人事ではなくなるという基本認識がまず必要であろう。

ブッシュ前大統領も、農業関係者への演説では日本を皮肉るような話をよくしていた。

「食料自給はナショナル・セキュリティ（国家安全保障）の問題だ。皆さんのおかげでそれが常に保たれているアメリカはなんとありがたいことか。それにひきかえ、（どこの国のことかわかると思うけれども）食料自給できない国を想像できるか。それは国際的圧力と危険にさらされている国だ」といった具合である。「そのようにしたのも我々だが、もっともっと徹底しよう」といったトーンが一貫して感じられる。ただし、括弧内は筆者が付け加えたものであるので留意されたい。

アメリカの輸出力を支える食料戦略

アメリカは徹底した食料戦略によって食料輸出国になっているという事実に着目したい。アメリカにとって食料は武器、世界をコントロールする為の一番安い武器だと認識されているのである。それによって現に我々は振り回されているし、これから、もっともっと振り回されるだろう。

アメリカの農業の強さは、政府による手厚い支援の証である。アメリカではコメと小麦とトウモロコシの穀物3品目について1兆円もの輸出補助金を使って安く輸出し、農家の生産も支えている。アメリカはもともと安い農産物に、さらに1兆円もの予算を使って、安く世界に売りさばいているのである。翻《ひるがえ》って日本の農産物はおいしいとはいえ、もともと値段が高いため、国際競争力は低い。その上、安く売るための国からの輸出補助金はゼロである。

では日本で輸出促進のためのお金が使えないのはなぜかといえば、それはアメリカ主導のルール作りのもと、補助金を禁じられているからなのである。

2008年、日本で不正転売事件が起きたのをきっかけに発覚した「事故米」もそうであった。消費し切れないほどのコメを輸入した結果、倉庫に長期間眠らせ、カビが生える事態となった。日本の対アメリカの食料外交の弱さを浮き彫りにする事件であった。

日本はミニマム・アクセス米が国家貿易（民間ではなく、政府による輸入）だということを理由に、ミニマム・アクセス米の全量を輸入している。しかし実は、WTO（世界貿易機関）の条文上は、ミニマム・アクセスについて「低関税またはゼロ関税の輸入枠を作っておくように」という規定があるだけで、義務ではない。

ミニマム・アクセスとは、そもそも需要があれば輸入機会を与えるという枠であり、需要がなければ輸入をしなくてもいい、というものである。したがって、コメの自給率が100％の日本が輸入をする必要はないものの、日本だけが「最低輸入義務」として履行し続けているのが現実だ。その本当の理由は、1993年にWTOのウルグアイ・ラウンドの妥結のための条件として、アメリカから全量輸入を約束させられたからなのである。

この構図はTPPの議論にも、そのままあてはまる。要するに日本の政策は大店法の撤廃や郵政民営化もそうであるように、アメリカの意向に沿って決められているわけで、すでに従属関係にある。そして、TPPはこの従属関係をもっと強固にするものだということである。

日本の前政権の経済連携プロジェクトチームの事務局長がこう言ったと言われている。「日本が主権を主張するのは50年早い」と。こう言いながらTPPを進めたのが事実なら、由々しき事態である。高村光太郎に「食うものだけは自給したい。個人でも、国家でも、これなくして真の独立はない」という言葉があるが、自分たちの食料について、自分たちの国について、自分たちで考えてはいけないのか、ということがまさに今問われている。

食料危機の真相〜自由貿易が食料危機を回避する？

いざ食料危機が起きたときにどう対応すべきかを考えるのはもちろんだが、そもそも食料危機をもたらす真の要因は何なのか。危機を回避するためには何が必要なのか。その真相を見極めなければならない。その際にまず考えてみなければならないのは、次のような見解である。

「2008年のような国際的な食料価格高騰が起きるのは、農産物は世界の生産量に比べて貿易量が小さいからであり、貿易自由化を徹底して貿易量を増やすことが食料価格の安定化と食料安全保障につながる」

これは、いかなる局面においても農産物の貿易自由化を正当化する論理であるが、本当に正しいだろうか。2008年の食料危機を振り返って、そのメカニズムを考えてみよう。

2008年の食料危機には、アメリカが創り出した「人災」の側面がある、ということは先ほども述べたとおりである。高騰した穀物価格のうち、需給要因で説明できるのは半分程度にすぎず、残りの半分は投機マネーの流入や輸出規制による「バブル」(15頁参照)によるものだった。

図表1-1で検証しておこう。これは、トウモロコシの国際価格と在庫率との関係を示したものだが、需給が逼迫すると在庫が取り崩されるので、需給逼迫や緩和の度合いは、在庫率の増減で簡単に測ることができる。需給逼迫時は在庫率が低下するので、在庫率が低い時には価格が上がるという形で、在庫率と価格との間には右下がりの相関関係がある

図表1-1　トウモロコシの国際価格と在庫率の関係

（1974−2008年）

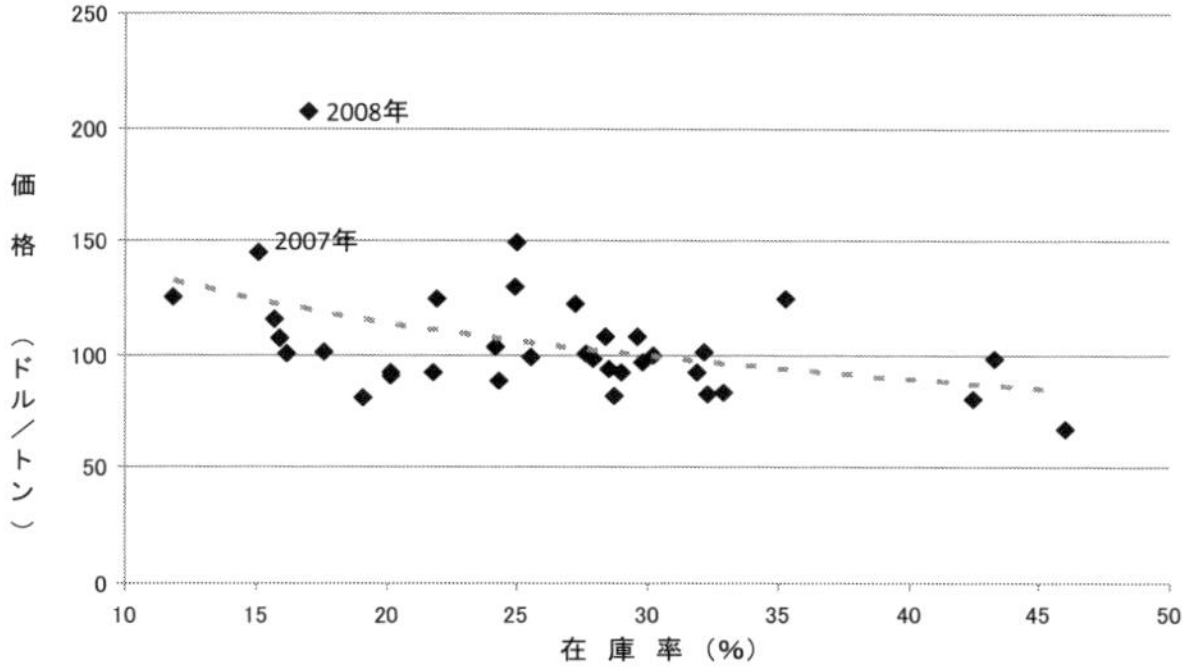

出所：在庫率はUSDA（アメリカ農務省）、価格はReuters Economic News Serviceによる。いずれも農林水産省食料安全保障課からの提供。

注：在庫率（＝期末在庫量／需要量）は、主要生産国毎の穀物年度末における在庫量の平均値を用いて算出しており、特定時点の世界の在庫率を示すものではない。価格は月別価格（第１金曜日セツルメント価格）の単純平均値である。木下順子農林水産政策研究所研究員作成。

ことが見てとれる。

しかし、２００８年については、従来の相関関係を示すラインよりも大きく上方に飛び出していることがわかる。つまり、従来のパターンでは説明できないほど激しい価格上昇が生じたということである。これは、需給関係だけでは説明できない他の要因が、価格に対して大きな影響を持ったことを示している。

ここで次に、「異常性」の程度について、具体的に分析した例を示す。国際トウモロコシ需給モデル（高木英彰氏構築）によるシミュレーション分析では、２００８年６月時点のトウモロコシ価格は本来なら価格が1ブッシェル（15万粒）当たり約3ドルまで上昇するほどの逼迫レベルだったと推定された。ところが、実際にはその2倍の6ドルに跳ね上がっていた。つまり、残りの3ドルについては、需給以外の要因によって暴騰が生じたと考えられる。

同様の価格の「異常性」は、トウモロコシだけでなく、コメ、小麦、大豆についても観察された。特にコメについては、世界全体としては、在庫水準は前年よりも改善しているくらいだった。にもかかわらず、コメ価格が高騰したのは、他の穀物が高騰している中で、コメの需要が増えるとの懸念から市場が混乱したことが大きな要因である。各国ともまず自国の在庫確保を優先するために、輸出規制をするという食料の囲い込みに踏み切らざるをえなくなった。

つまり、「高くて買えないどころか、お金を出しても買えない」事態が起こっていた。本来はコメの有数の生産国でありながら関税削減を進めて輸入を促進したためにコメ生産が縮小してしまっていた途上国（ハイチ、フィリピンなど）では、主食が手に入らなくなり、死者を出すような暴動が起きたのである。

主要穀物の〝備え〟が食料危機回避の鍵

実は、次節に示すとおり、一般に挙げられている食料需給の逼迫要因については冷静に見ておくべき側面も多く、世界的な食料需給が一方的に逼迫を強めるとは考えにくい。つまり、需給が逼迫するからといって一方的に穀物価格が上がり続けるという悲観的な見方をする必要はない。価格が上昇と下落を繰り返しながら需給を調整していくのが市場である。では何が問題かといえば、ひとたび需給要因にショックが加わった時に、その影響が「バブル」によって増幅されやすい市場構造になっているということだ。その根本にあるのはつまり、アメリカの世界食料戦略である。

というのも、アメリカが農産物の自由貿易を推進し、諸外国に関税を下げさせてきたことによって、今では穀物生産を自国でまかなえず、穀物を輸入に頼る国が増えてきたという構造的問題があるからである。

一方、アメリカには、トウモロコシなどの穀物農家の手取りを確保しつつ世界に安く輸出するための手厚い差額補填制度がある。しかし、その財政負担が苦しくなってきたので、何か穀物価格高騰につなげられるキッカケはないかと材料を探していた。そうした中、国際的なテロ事件や原油高騰が相次いだのを受け、アメリカは原油の中東依存を低め、エネルギー自給率を向上させる必要があるとの大義名分を掲げ、トウモロコシをはじめとするバイオ燃料推進政策を開始したのである。その結果、見事に穀物価格のつり上げを成功させた。

トウモロコシの価格の高騰で、日本の畜産も非常に厳しい状況に追い込まれたが、トウモロコシを主食とするメキシコなどでは、暴動なども起こる非常事態となった。メキシコでは、NAFTA（北米自由貿易協定）によってトウモロコシ関税を撤廃したのでアメリカからの輸入が増大し、国内生産が激減してしまっていたところ、価格暴騰が起きて買えなくなってしまったのである。

また、ハイチでは、IMF（国際通貨基金）の融資条件として、1995年に、アメリカからコメ関税の3％までの引き下げを約束させられた（Kicking Down the Door：http://www.oxfam.org/sites/www.oxfam.org/files/kicking.pdf）。そうしてコメ生産が大幅に減少し、コメ輸入に頼る構造になっていたところに、2008年の各国のコメ輸出規制でコメが足りなくなり、死者まで出ることになったのである。まさにアメリカの勝手な都合で世界の人々の命が振り回されたと言っても過言ではない。

アメリカは、いわば、「安く売ってあげるから非効率な農業はやめたほうがよい」と諸外国にアメリカ流の戦略を説くことで、世界の農産物貿易自由化を進めてきた。それによって、基礎食料であるコメ、小麦、トウモロコシなどの生産国が世界的に減り、アメリカなどの少数国に依存する市場構造になった。

貿易自由化とは、比較優位への特化（競争力が高い分野に生産・輸出を集中させる）を進めることであり、輸出国が少数化していくことに他ならない。そうして輸出する国の数が減って独占度が高まれば高まるほど、ちょっとした需給変化にも価格が上がりやすくなり、高値期待から投機マネーも入りやすくなる。また、不安心理から輸出規制が起きやすくなり、価格高騰が増幅される。そうした市場構造の帰結が危機を大きくしたのである。つまり、アメリカの世界食料戦略の結果として２００８年の食料危機は発生し、増幅されたという「人災」の側面を見逃してはならない。

こうした事態に際しては「輸出規制を制限すれば危機が回避できる」との見解もあるが、仮に国際ルールに何らかの条項ができたとしても、いざという危機的な状況下で、自国民の食料確保を差しおいて他国への供給を優先する国があるとは思えない。輸出規制を行う国々は、国家の責務として自国民の食料確保を行うのであるから、その規制をやめさせることは難しいのである。

したがって、食料の需給が一方的に逼迫していく危険に備えるというのではなく、むしろこれからは、需給逼迫時の価格暴騰が起きやすく、お金を出しても食料を売ってもらえなくなるような市場構造を踏まえ、数年間、食料輸入が困難となるような状況に耐えられるだけの〝備え〟が必要なのである。実は、欧米各国はこうした食料危機の本質を見すえ、それを当然のこととして常に国内生産を振興し、さらに輸出拡充による食料戦略を展開してきた。しかし、翻って日本はどうだろうか。

ここに、アメリカがいかに食料政策において戦略的かということを物語るエピソードがある。アメリカの食料戦略の一番の標的は、日本だとも言われてきた。「はじめに」でも触れたが、アメリカのウィスコンシン大学の教授は、農家の子弟向けの授業で「君たちはアメリカの威信を担っている。アメリカの農産物は政治上の武器だ。だから安くて品質のよいものをたくさんつくりなさい。それが世界をコントロールする道具になる。たとえば東の海の上に浮かんだ小さな国はよく動く。でも、勝手に動かれては不都合だから、その行き先をフィード（feed）で引っ張れ」と言ったと紹介されている（大江正章『農業という仕事』岩波ジュニア新書、２００１年）。これがアメリカにとっての食料政策の立ち位置なのだということを我々は認識しなくてはならない。

経済学的視点で冷静に将来を見る

ここで先ほど、穀物のマーケットについては「需給逼迫が続き、価格高騰が避けられないという悲観的な見方をする必要はない」と述べた理由を解説しておきたい。

まず、レスター・ブラウン博士流の「需要が供給を上回るため食料危機が到来する」といった議論は、需要が増えれば価格が上昇して供給が増え、需給は価格を通して調整されるという市場のメカニズムを無視した議論であるということだ。

さらに「長期的な食料の国際需給が一方的に逼迫基調を強め、価格の上昇が続く、あるいは上昇した価格はもう戻らない」という議論も冷静に検証する必要がある。この議論の根拠とされているのは、「穀物に対してバイオ燃料需要という新たな需要が本格的に加わった。さらに中国、インドなどの人口爆発にともなって『爆食』は進行するが、単収向上（単位面積当たりの収穫量の伸び）は技術的限界により頭打ちになりつつあるし、地球温暖化や砂漠化の進行により農業生産量は減少していく。したがって食料需給の逼迫による穀物価格高騰は『構造的』なものであるから価格はもう戻らない」という論理である。

しかしまず、トウモロコシなど穀物に対するバイオ燃料需要の拡大は、けっして「永続的」ではないことに注意が必要だ。木くずや雑草を原料とする第二世代の実用化とともに収束していく可能性があるので、第二世代が主流となるまでの「過渡期」をどう乗り切るかという問題と考えたほうがよい。

さらには、ブラジルのサトウキビを除いて、アメリカのトウモロコシなど、総じて穀物からのバイオ燃料はガソリンに比較して生産コストが高く、原油高騰下で税控除などの相当な補助金でやっと採算が保たれている。それを可能にした原油の高騰も続くことはないだろうということだ。原油の高騰はバイオ燃料を含む代替燃料の開発・利用を促進するから、エネルギー需給が次第に緩み、原油の高騰も緩和されるであろう。原油価格が落ち着けば、補助金を増額できないかぎり、バイオ燃料用に穀物を使用するのは採算がとれなくなる。

新興国の「爆食」や、人口爆発に伴う需要増加も食料需給逼迫の長期化が主張される理由の一つだ。しかし、これにも頭打ちがあることを考慮すべきである。中国では、すでに、所得が増加したときの牛肉や豚肉の消費の伸びがかなり鈍化してきており、相対的には、鶏肉や魚の消費の伸びのほうが堅調である。牛肉や豚肉に比べて鶏肉や養殖魚の生産に要する穀物必要量ははるかに小さいし、中国の牛肉・豚肉の将来の消費量を推計する従来のモデルは、所得増加に対する牛肉・豚肉の消費の伸び率を、筆者らの試算に比べて数倍大きく、かつ今後も長期的に継続すると仮定して試算している。つまり、従来の試算では、エサ穀物需要がかなり過大に見込まれている可能性が高い。

人口爆発についても、冷静に見ていく必要がある。中国では、2030年前後に約14億6000万人で人口のピークを迎え、その後は、緩やかに減少に転じる。インドの人口の伸びは依然として続くが、増加率は鈍化していく。そもそも牛肉（聖なる牛）と豚肉（不浄なる豚）を食べないヒンズー教徒が80％、豚肉を食べないイスラム教徒が13％を占めている。このことを考慮したうえで、新興国の食料需給増大の見込みは割り引いて考える必要があるのである。

一方、〝供給〟の側面について、「穀物の単収の伸びが近年鈍化してきたのは、技術的限界による」という見解も冷静に見ておく必要がある。というのも、単収の伸びが鈍化してきた背景には、長期間にわたって穀物価格が安値安定してきたことが影響していると考えるべきだからだ。穀物価格が上昇すれば、増産型技術の開発や普及が促される。しかし、穀物価格が上昇しなければ、技術開発も促進されない。今までは鈍化していた単収の伸びが、昨今の生産物価格の高騰によって加速される可能性も十分に考えられるのだ。

さらに、増加が困難とされている耕地面積についても、実はまだまだ増加の余地は大きいとの指摘もある。実際にアメリカでは、停滞していたトウモロコシの作付が、バイオ燃料ブームに呼応して増加した。さらに、FAO（国連食糧農業機関）のデータによると、例えば、ブラジルには、アマゾンを除いて約3・2億ha（ヘクタール）の可耕地があるが、現在はまだ、5分の1程度の6000万ha強の土地が耕作されているにすぎないという。ただし、可耕地＝いつでも生産可能というわけではなく、いくら可耕地があっても、経済的に採算がとれなければ耕作はなされないことに留意が必要である。

現にブラジルでは、トウモロコシ生産は技術的には可能であるにもかかわらず、ほとんど拡大していない。なぜかというと、トウモロコシは大豆に比して価格が安いため、内陸から港に運ぶ輸送費を考慮すると、市場性がない（大手商社の方の見方）というのがその理由である。つまり、穀物価格の上昇にともなって、経済的に耕作が可能な農地がどれだけ広がるかが問題なのであり、肥沃な農地がどれだけあるかという、技術的な問題だけで行う将来予測には意味がない。

さらに地球温暖化には、高温や砂漠化により作物の生育が疎外されるマイナス要因だけでなく、プラスの側面があることを忘れてはならない。たとえば、ロシアのシベリアの大地がやがては穀倉地帯になる可能性を考えると、かなりの増産が見込まれるかもしれない。実際に、最近ではロシアからの小麦の輸出がすでに増加傾向にあり、話題になっている。ウクライナという穀倉地帯をソビエト連邦崩壊にともなう独立で失ったにもかかわらず、穀物輸出が増加したことは、地球温暖化の影響がプラスの側面で現れ始めているのではないかという見方もある。

以上のように、今後の需要増加が過大に見通されている一方、価格上昇にともなう供給の増加の可能性が過少に見通されているとすれば、価格が高止まる、あるいは、一方的に上昇基調が続くとは考えにくい。

貿易自由化の徹底は世界の「食」を安定させるか

「貿易自由化を徹底して、貿易量を増やすことが食料価格の安定化と食料安全保障につながる」のか、その逆なのか、という議論に付随して、さらにいくつかの論点がある。まとめて、以下に整理してみよう。

まずは、繰り返しになるが、①貿易自由化の徹底こそが食料安全保障に貢献するのか、それとも貿易自由化の行き過ぎが食料安全保障を崩したのか、ということである。

2008年のように国際的な食料価格高騰が起きるのは、農産物の貿易量が小さいからで、貿易自由化を徹底して貿易量を増やすことが食料価格の安定化と食料安全保障につながるという見解がある。逆に、2008年のような「バブル」が生じやすい原因の一つは、世界的に農産物貿易の自由化が進んだからだという見方がある。

しかし、一番の問題は、WTOやFTA（自由貿易協定）といった貿易自由化による関税削減の進展で、穀物生産を縮小した国が増えて穀物輸出国が世界的に少数化しているため、需給変化に対する価格上昇が激しくなっている。そのため、高値期待で投機マネーが入りやすく、不安心理で輸出規制も起きやすくなり、価格上昇がさらに増幅される、という構造である。

この見解に立てば、貿易自由化の徹底こそが価格高騰を増幅し、食料安全保障に不安を生じさせるということになる。実際、ハイチでは、IMFの融資条件として、1995年に、アメリカからコメ関税の3％までの引き下げを約束させられ、コメ生産が大幅に減少し、コメ輸入に頼る構造になっていた。そのため、2008年のコメ輸出規制で死者まで出たという事実は、その裏付けになるだろう。

こうした事態に際しては輸出規制を制限すればよいという見解もあるが、その実効性を確保するのは非常に難しい。こうして、②自由貿易の利益は長期のコストを無視していないかどうか、という視点が大切になる。

各国が国内の食料生産を維持することは、短期的には農産物を輸入するより高コストであっても、輸出規制が数年間も続くような不測の事態のコストを考慮すれば、実は、長期的なコストは安く抑えられる可能性がある。この観点から、自由貿易の利益について、特に、国家安全保障（ナショナル・セキュリティ）を維持する長期的コストなどの外部経済を考慮した具体的な再整理が必要なのではないか。

ナショナル・セキュリティを考える上では、食料戦略をめぐる諸外国間のパワーバランスをも考える必要があるだろう。③貿易自由化の徹底と途上国の食料増産は両立するか、ということである。

２００８年の「食料危機」を受けて開催された洞爺湖サミットの宣言では、一方で、それぞれの国が自国で食料生産を確保する重要性を認識し、世界の食料安全保障のために、途上国の食料増産を支援する必要性を強調した。しかし、もう一方で、ＷＴＯなどによる自由貿易を推進するとしたのである。果たして、この二つは両立するだろうか。

貿易自由化の徹底は、高コストな農業生産を縮小し、安価な食料輸入を増やすという国際分業を推進するから、高コストな農業を行う日本や、競争力のない途上国の食料生産は縮小することになる。途上国に農業生産増大の支援をしたところで、貿易自由化で安い輸入品が流入すれば、国産農業は振興できないということになりかねない。各国間の農業形態や経済力の格差を考慮すると、貿易自由化の徹底が各国の食料増産につながり、食料安全保障が強化されるという論理には無理があるように思えてくるのである。

さらに、TPPの議論などで忘れられがちなものに、④関税を撤廃して直接支払い（生産者に対して直接補助金を支払うこと）に変更するほうが経済厚生（経済的視点から見た幸福度）を高める、という視点がある。これも本当だろうか。

関税とは競争力の弱い農産物を保護するためにかけられるものだが、かりに撤廃したところで、国内政府が農家に直接補塡のための支払い（直接支払い）をすれば、カバーできるではないかという考え方である。しかし日本のコメ関税をゼロにして直接支払いで補塡する場合を試算すると、財政負担は毎年2兆円近い膨大な額になる。それが可能かというと現実的ではない。途上国においては、なおさらである。

また、関税などの国境措置をとるよりも、国内的な直接支払いの方が経済厚生上の損失が少ないことが強調される。しかし、それが「常に」言えるのは、輸入が増えても国際価格が上昇しないという「小国の仮定」が成立する場合にかぎられることは案外忘れられている。

実際の農業市場、特にコメ市場は、日本のように需要の大きい国が輸入を増やせば、なにがしかの国際価格上昇は必ず生じるのである。だから「小国の仮定」というのは架空のものでしかない。もし国際価格が上昇しなければ、消費者利益の増加分のほうが常に大きいが、国際価格の上昇を前提とすると、関税から直接支払いへの転換が「常に」経済厚生を高めるとはいえない。政府負担（失った関税収入＋直接支払い費用）の増分が消費者の利益の増分よりも大きくなる場合、関税から直接支払いへの転換によって経済厚生は低下する。よって、直接支払いで経済厚生が増えないのであれば、関税のほうがよいことになる。

以上のような対立する議論は平行線で終わりがちだ。さらに詰めた検証によって、議論を収斂する必要があるだろう。

コスト上昇が価格に反映できない構造

２００８年の食料危機による小麦、大豆、トウモロコシなどの飼料穀物価格高騰は、我が国の牛乳や食肉生産の危機も招いた。さらに２０１３年にも、高騰した飼料穀物価格に加えて円安による輸入価格の上昇で、２００８年を上回る酪農・畜産危機が襲った。

前々節では、価格が上下することには負の側面だけでなく、需給の調整機能があることも重視すべきだと述べたが、食料市場においてはこれが十分に機能しない、すなわち、需要と供給が一致するところで価格が決まらないという「不完全競争」の市場構造が広範に存在するという事実がある。つまり、少数の買い手が価格支配力を持つというマーケットである。

ＴＰＰなどに象徴的な「市場に任せればすべてうまくいく」、あるいは「規制緩和を徹底すればよい＝政策はいらない」という論理には、価格は需給一致点で決まる「完全競争」が前提としてあるのだが、そうでない市場が広範に存在するならば、市場に任せればよいという主張はできなくなる。

生産コストが上昇し、供給不足の兆候が現れたら、価格上昇が生じて、必要な需要を満たす供給が確保されるというのが、価格による需給の調整メカニズムであるが、日本の酪農・畜産のマーケットにおいては、これが正常に機能しないのである。

しかし諸外国では、危機に際しても、乳価上昇による調整が非常に迅速に機能した。農水省の調べでは、２００７年６～９月段階の生産者乳価は、アメリカが前年比67・３％高

図表1-2　アメリカ北東部の飲用乳価の変化(円/リットル)

都市	年	生産者受取飲用乳価	小売飲用乳価
ニューヨーク	2006(最低値)	31	89
	2007(最高値)	58	121
	年平均乳価の差	27	28
シラキュース	2006(最低値)	29	64
	2007(最高値)	56	92
	年平均乳価の差	27	25
フィラデルフィア	2006(最低値)	31	88
	2007(最高値)	58	115
	年平均乳価の差	27	24
ボストン	2006(最低値)	31	83
	2007(最高値)	58	111
	年平均乳価の差	27	22

注: コーネル大学の調査結果を1ドル=110円で換算。

の55・5円、豪州が29・9%高の43円、イギリスが9・4%高の46・3円というように、軒並み上昇した。

たとえば、アメリカでは、2007年当時に、前年の2006年と比べた飲用乳の生産者価格の上昇幅と小売価格の上昇幅がかなり近い額になっており、飼料価格高騰による生産コストの上昇が、かなりの程度、消費者に転嫁されたことが、アメリカ北東部のデータから見てとれる(図表1-2)。

しかし、我が国ではそれが適切に働かなかった。それはつまり、市場に何らかの不自然な力が加わっていることを意味するのである。それはつまり、どういうことなのだろうか。

問題は取引交渉力の不均衡にあり

その答えには、食料市場における日本の構造上の問題がある。というのも我が国では、スーパーなど大型小売店同士の食料品の安売り競争が激しい。そのため、小売価格の引き上げが難しく、そのしわ寄せがメーカーや生産者に来てしまうという構図があるのである。パンや麺類のように、メーカーの取引交渉力が強い部門では価格転嫁（原材料の価格上昇を小売価格に反映させ、その分消費者が高い価格で購入する）がメーカー主導で簡単に実現しているのだが、牛乳市場においてはそうではない。

我が国の牛乳市場に関する我々の試算（図表1-3）では、スーパー間の水平的競争度が0・0097とほぼゼロ（つまり「完全競争」）に近いことが確認できる。したがって、安売り競争が激化する。しかし、メーカー対スーパーの取引交渉力の優位度は、ほとんど0対1で、スーパーがメーカーに対して圧倒的な優位性を発揮している。一方、酪農協対メーカーの取引交渉力の優位度は、最大限に見積もって、ほぼ0・5対0・5、最小限に見積もると、ほぼ0・1対0・9で、メーカーが酪農協に対して優位である可能性が示され

図表1-3　酪農協・メーカー・スーパー間の垂直的パワーバランスと水平的競争度

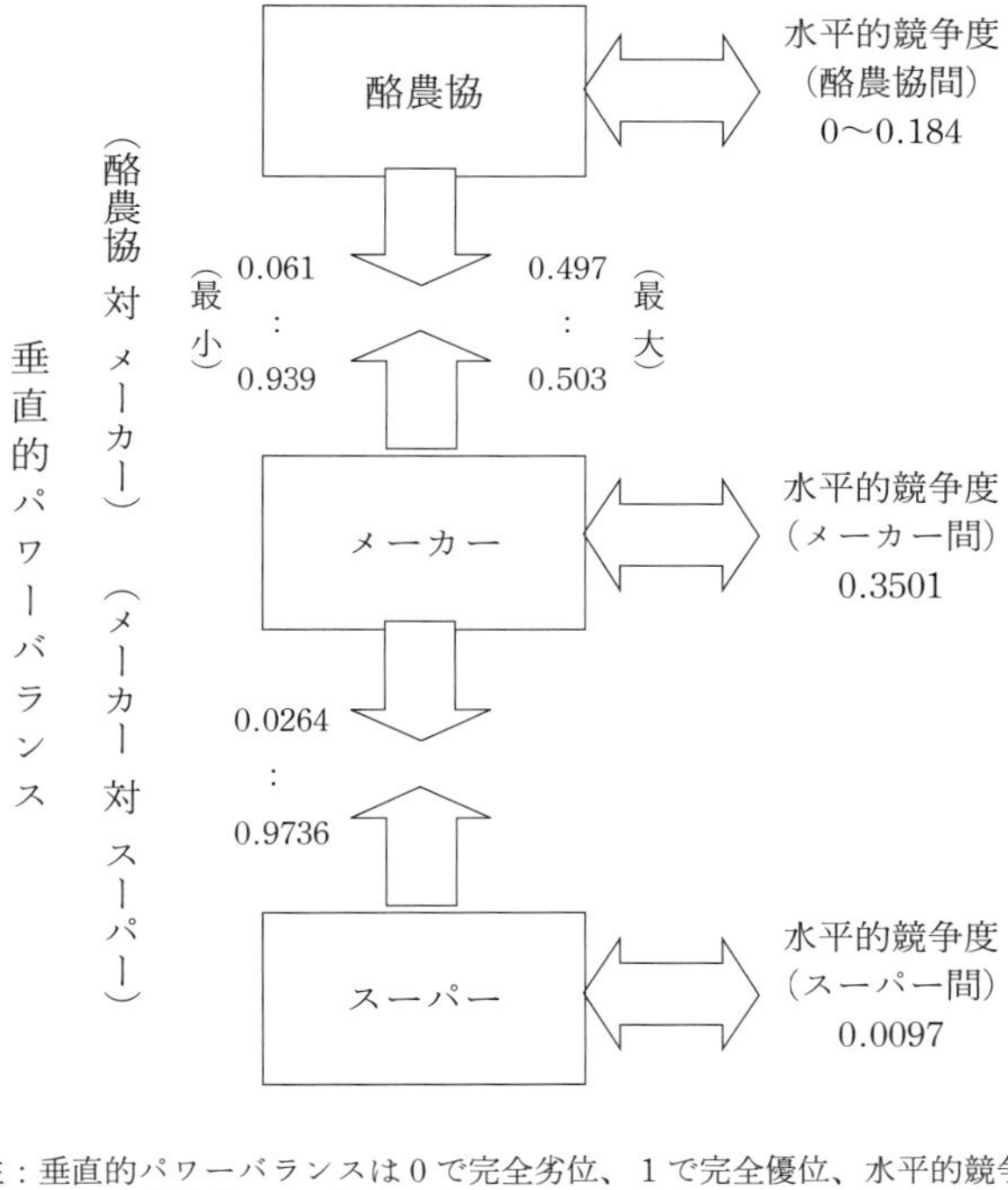

注：垂直的パワーバランスは0で完全劣位、1で完全優位、水平的競争度は0で完全競争、1で独占となる。
出　所：J. Kinoshita, N. Suzuki, and H. M. Kaiser "The Degree of Vertical and Horizontal Competition Among Dairy Cooperatives, Precessors and Retailers in Japanese Milk Markets," *Journal of the Faculty of Agriculture Kyushu University,* volume 51, No.1, 2006, 157〜163頁

ている。

この結果は、我が国のスーパーは「強い」のか「弱い」のか、という議論に対する数値的な回答にもなっている。我が国のスーパーはスーパー間の競争においては「弱く」、そのため、消費者に牛乳価格を転嫁することが困難であるが（原料価格が高騰しても、牛乳価格の値上げはおこりにくい）、乳業メーカーに対してはスーパーが圧倒的な取引交渉力を持っていて「強い」ため、メーカーの価格転嫁を許さない（原料価格が高騰しても、卸値が上げにくい）。そして、メーカーは酪農生産サイドに対しては比較的優位なため、結局、しわ寄せは酪農家に重くのしかかってくるという構造ができ上がっている。中には、生産者の窮状を救うためにメーカーが酪農家に払う乳価を引き上げる場合もあるが、その場合は、メーカーが板挟みになり、赤字に苦しめられることになる。

欧米でも小売サイドの大型化は進んでいるのに、なぜ日本のみ価格転嫁が生じないかという疑問に対する一つの回答は、このような取引交渉力の不均衡にある。

一方で、独占的な販売組織であったミルク・マーケティング・ボード（MMB）の解体によって市場が細分化されたイギリスを例外として、多くの国では、酪農協兼乳業メーカーの大型合併が進み、酪農協兼乳業メーカーの多国籍化が猛烈な勢いで進展している。ほぼ1国1農協のデンマークのMD FoodsとスウェーデンのArlaが合併したArla Foods（アーラ・フーズ）によって2国1農協状態が創出されたのが代表的な例だ。

ニュージーランドでは、2大酪農協とNZDB（ニュージーランド・デーリィボード）が統合され、巨大乳業メーカー・フォンテラ（Fonterra）となり、オーストラリアの2大組合系メーカーの一つボンラック（Bonlac）を買収した後、フォンテラは、さらに世界各国に業務展開している。Arla Foodsはデンマーク、スウェーデン、イギリスで原料乳を調達しており、イギリスのArla系の乳業は、フォンテラからの出資を受けて国境を越えた企業活動をしている。多国籍乳業としては、ネスレ、ユニリーバ、ダノンなどがあるが、アメリカの乳業2位、3位のSuiza Foods（スイザ・フーズ）とDean Foods（ディーン・フーズ）が合併し、Dean Foodsの名称で世界6位の乳業となった。

アメリカでは、全国展開を強める酪農協DFA（デイリー・ファーマーズ・オブ・アメリカ）は、Suiza Foodsに吸収されてさらに巨大化した全米一の飲用乳メーカー「新生」Dean Foodsと独占的な完全供給（full supply）契約を締結し、全米各地のDeanプラントの必要生乳の80%を供給しつつ、全米各地に10ヶ所の調整工場（balancing plant）を指定して、需給調整を行い、飲用乳価を維持する体制を整えている。

このように、世界では、小売の市場支配力に対抗するため、猛烈な勢いで生処（生産と処理＝加工）サイドの巨大化が進んでいる。いまや、1国1酪農協兼乳業メーカーを超えて、2国1酪農協兼乳業メーカーになり、さらには、それが世界各国で合弁事業を進め、多国籍化しているのである。MMBの強制解体で生産者組織が細分化され、「買いたたき」に遭って乳価が暴落したイギリスは、一つの教訓である。

多くの国では、このように酪農協兼乳業メーカーの大型合併が進み、生処サイドが小売の市場支配力に対抗しているため、生処販（生産、処理＝加工、販売）のパワーバランスが均衡し、生処販が連携して、消費者への価格転嫁がスムーズに進むのである。

アメリカの酪農協は、脱脂粉乳やバターへの加工施設（余剰乳処理工場）を酪農協自らが持ち、需給調整機能を生産者サイドが担える体制を整えることによって、飲用乳の価格交渉力を強めている。これがアメリカで可能な背景には、アメリカ政府が余剰乳製品の買上げ制度を維持し、過剰在庫の最終的販売先として補助金付きのダンピング輸出や食料援助を準備していることも大きい。我が国でも、多様な販売先、過剰在庫を解消する「はけ口」を確保することで、生産での調整を緩め、販売で調整することを可能にしていくことが求められるだろう。

不完全競争市場における規制緩和徹底の妥当性

最近、規制緩和を徹底しようとする流れの中で、農業協同組合に対する独占禁止法の適用除外の措置を廃止すべきだとの意見が大きくなってきている。

そもそも、なぜ、農協には独占禁止法の適用除外が認められているのか。それは、個々の農家の販売力・取引交渉力が、農産物の買い手である卸売業者、加工業者、小売業者などに対して相対的に弱いので、不当な「買いたたき」に遭わないようにするためである。組織的な共同販売（共販）を認め、それにより市場における「集中度」（農協による販売シェア）が高まることを認めることで、対等な取引交渉力、ガルブレイスの言う「カウンターベイリング・パワー」（拮抗力）の形成を促そうという意図に基づいている。まさに、そもそも、農協設立の大きな目的の一つはこの拮抗力形成にあった。

これは世界的にも同様で、例えば、アメリカの場合は、カッパー・ボルステッド法という法律によって、農協共販と高い販売シェアの形成は、反トラスト法（アメリカの独占禁止法）の適用除外になっている。もちろん、共販と集中度の高まり自体は認めた上で、しかし、「不当な価格つり上げ」と見なされる行為や状況が確認された場合は、反トラスト法上、是正措置が求められる。つまり、万が一、「不当な価格つり上げ」と見なされるような事態が生じれば、それは問題になるが、それをもって、共販を認めないということにはならないのである。

もし、独占禁止法の適用除外自体がもはや必要ないという場合には、その背景となった食料市場における生産・加工・流通・販売の部門間に取引交渉力のアンバランスがなくなり、それに基づいて生産サイドが不利になるという心配が消滅したという条件が必要であろう。では、日本の現実はどうであろうか。

我が国における現実は、生産サイドの力が強すぎるどころか、その逆に、従来にもまして、流通・小売部門のマーケットパワー（市場支配力）が相対的に強くなりすぎている。それは牛乳を例として説明したとおりだ。このことからすると、生産サイドに対する独占禁止法の適用除外をやめるべきだという議論は、逆ではないかと思わざるを得ない。

むしろ問題とすべきは、流通・小売部門の「買いたたき」、「不当廉売」、「優越的地位の乱用」の可能性であり、少なくとも、こうした問題も俎上《そじょう》に載せて、食料市場における公正な競争のあり方をしっかり議論すべきときが来ていると考えるべきではないか。

規制緩和を徹底することによって、競争条件を平準化せよ、ということが主張されるのだが、現実の食料市場は小売段階の市場支配力が大きいため、さらに規制緩和を徹底するのであれば、より「不公正」な競争が導かれ、市場支配力の大きい者が「不当に」利益を得やすくなってしまうということを考えなくてはならない。単純に「規制緩和すれば、すべてうまくいく」という主張は、この点からも覆されるのである。もっとも、市場支配力を持つ大企業にとっては、市場の不完全競争性を無視して、規制緩和の徹底を主張することが理にかなっているのかもしれない。

しかし、短期的に一部の企業の利益だけが確保されても、食品メーカーや農家が経営難に陥るようなシステムが長期的に持続できるのだろうか。例えば、２０１０年の日本の米価下落を思い起こしていただきたい。この米価下落については、農家に対して米価が下落しても所得を補填する戸別所得補償制度が創設されたために、さらに安く買いたたく人が出てきたのが要因だと言われた。これでは、農家の所得は増えない。

安く買いたたくことで卸や小売が一時的に儲かったとしても、それによって生産サイドがさらに苦しくなり、コメを作る農家がいなくなってしまったら、卸や小売のビジネスも成り立たなくなるだろう。消費者も、安く買えるからいいと思っていたら、気づいた時には作る人がいなくなってしまったということになりかねない。買いたたきや安売りをしても、結局誰も幸せになれないのである。

そうであれば、皆が持続的に幸せになれるような適正な価格形成を関係者が一緒に検討すべきであろう。ヨーロッパでは関係者の協議機関をつくって成功している国もあるようだが（新山陽子「国内農業の存続と食品企業の社会的責任——生鮮食品の価格設定行動」『農業と経済』第74巻第8号、2008年7月）、日本はまだまだである。

食に安さだけを追求するな

消費者にも、食の本物の価値をしっかりと認識して、それに正当な対価を支払うことが当然だという価値観を持ってもらうことが大事だということは繰り返し述べておきたい。生産コストの安さがすべてではないという認識が消費者にも共有されている国として、日本にとっても良いモデルとなる国にスイスがある。

筆者が2008年9月にスイス国民経済省農業局を訪問した際、スイスは、EU諸国とのFTA（自由貿易協定）が成立し、近隣のドイツやイギリスから3割も4割も安い農産物が入ってくる事態に直面していた。しかし、山間の傾斜地の多いスイス農業は、食料の生産性ではドイツやイギリスにはとても及ばないながらも、小国ならではの高付加価値の新たな農業像を見せてくれた。ナチュラル、オーガニック、アニマル・ウェルフェア（動物愛護）、バイオダイバーシティ（生物多様性）、美しい景観などへの取組みをより徹底することで、価格は割高でも価値のある生産物を作っていたのである。

スイス国民経済省農業局からは、スイスの消費者は「スイスの農産物は決して高いわけではない。安全安心、環境に優しい農業は当たり前であって、我々は多少高いお金を払っても、こういう農産物を支えるのだ」と納得しているとの説明があった。環境にも、人にも、動物にも、その他の生き物にも、景観にも優しく作られた農畜産物は、自然で安全で品質がよく、本物であるという感覚だ。

それは、こんなエピソードにも表れている。スイスで小学生ぐらいの女の子が１個80円もする国産の卵を買っていたので、なぜ輸入品よりはるかに高い卵を買うのかと聞いた人がいた。すると、その子は「これを買うことで、農家の皆さんの生活が支えられる。そのおかげで私たちの生活が成り立つのだから当たり前でしょ」と、いとも簡単に答えたという（元ＮＨＫの倉石久壽氏談）。

食料に安さだけを追求することは命を削ることと同じである。また、次の世代に負担を強いることにもなる。そのような覚悟があるのかどうか、ぜひ考えてほしい。消費者に本物の価値を理解してもらうには、食品の安全性に関する正確な情報提供が重要である。

第２章　食の安全を確保せよ——食の安全をめぐる数々の懸念

食料の自由貿易化が推し進められる中で、とりわけ心配されるのが「食の安全」である。日本人もいつのまにか〝安さ第一〟の消費者になってしまい、国産の食料を支えることが難しくなっている中、日本のフードシステムに関わる人々が根本的な意識改革をすることが急務なのではないだろうか。農場から食卓に至るまでの食の安全を確保するシステム構築をしないと、子供たちや子孫の健康に大きな影響が出る可能性があるのではないかと危惧され始めている。果たして、アメリカ主導ルールのもとで「食の安全」基準もグローバルスタンダード化されてよいのだろうか。人の生命に直結する仕事に関わる使命を、もう一度大きく問い直してみる必要があるだろう。

なぜ、このようなことを考えるのかといえば、世界的に見ても食の安全性に対する日本人の危機意識の薄さを感じないではいられないからである。記憶に新しい事故を含め、いくつかのトピックスを挙げて説明していきたい。具体的には、雪印乳業の食中毒事故、BSE（狂牛病）、遺伝子組換え（GM）食品、BST（牛成長ホルモン）、そして硝酸態窒素、残留農薬である。

雪印乳業の食中毒事故が問いかけたこと

消費者の食料産業に対する不信感を高める事件が相次いでいる昨今であるが、中でも、2000年に起きた雪印乳業の集団食中毒事故[1]は、様々なことを我々に問いかけたので、振り返っておきたい。

いかなる理由があっても、食品の安全管理に手落ちが生じることは許されないことが、まず大前提であるが、このような事故の背景には、前章で指摘したような飲用乳市場における競争の実態があることも見逃せない。

つまり、我が国のスーパーは、スーパー間の競争においては「弱く」、激しい価格競争によって、消費者に牛乳価格を転嫁することが困難で（原料価格が高騰しても、消費者の購入価格には反映されにくい）あるが、乳業メーカーに対しては圧倒的な取引交渉力を持っていて「強い」ため、メーカーの価格転嫁を許さない（スーパーへの卸値を上げにくい）。原材料の高騰のしわ寄せに苦しむ生産者の窮状を救うため、メーカーが酪農家に払う乳価を引

1　2000年6月27日、雪印乳業大阪工場で製造された「雪印低脂肪乳」を飲んだ子供が嘔吐や下痢などの症状を呈し、1万3000人あまりの被害者が発生した集団食中毒事故。

き上げる場合もあるが、その場合は、メーカーが板挟みになり、赤字に苦しめられることになる。

当時、筆者はテレビ（日本テレビ『ザ・サンデー』2000年7月16日）・新聞・雑誌などで乳業の赤字構造を説明した。図表2-1が、そのときに用いたフリップである。飲用乳業メーカーは、スーパーの取引交渉力の増大によって安い小売価格設定とそれに応じたメーカーの卸値の引下げを余儀なくされる。一方で、酪農家に払う生産者乳価も引き下げてはいたが、それほど大きな生産者乳価の引下げも困難なため、大きなしわ寄せがメーカーに行く構造があったのである。

図表2-1では、飲用乳の製造原価が1リットル150円程度になるのに、スーパーへの卸値は144円程度で、1本6円程度の赤字が生じていた可能性が示されている。もちろん、赤字になるからといって安全性確保の費用を削減して手抜きしていいということにはならない。したがって、これは言い訳にはならないのであるが、このように一部にしわ寄せが蓄積するような市場構造の改善が必要であることは間違いない。

もう一点、実は、食中毒事故が発生したのは、生乳から製造する「普通の」牛乳ではなく、脱脂粉乳とバターと水から戻した「還元乳」であったことにも注目しなくてはならな

図表2-1　乳業メーカーの市販乳事業の赤字構造の模式図

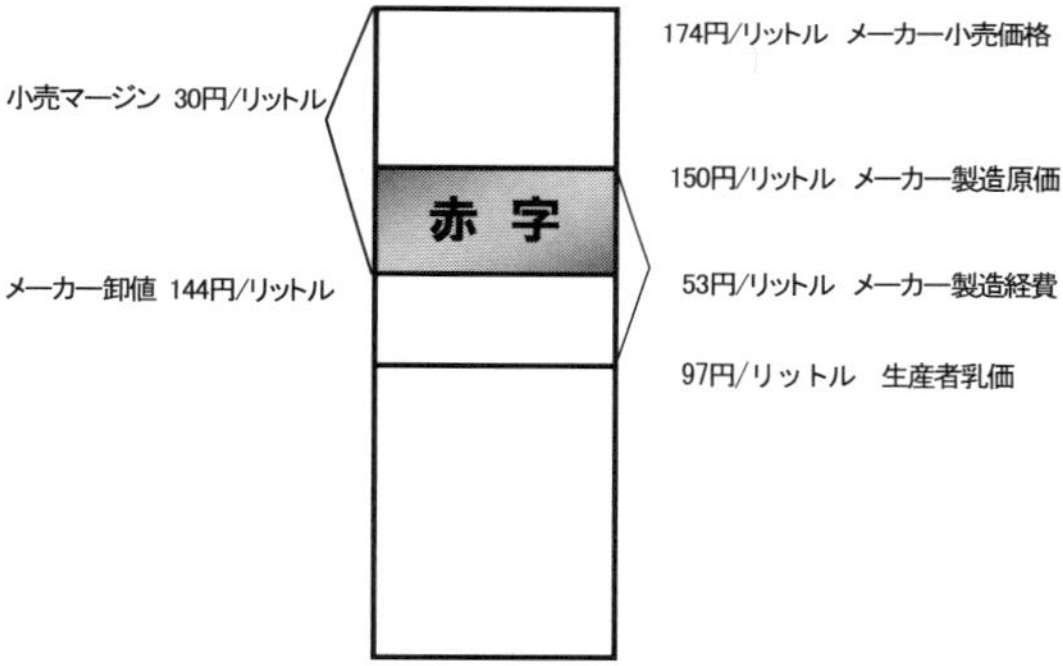

資料：筆者作成。

い。つまり、普通牛乳で赤字になる分を、還元乳の販売によって回復する構造が、この食中毒事故につながったのである。しかし、脱脂粉乳に異常が生じて牛乳で食中毒が起こるというのは、普通の先進国ではほとんどあり得ないことなのである。なぜなら、還元乳はほとんど存在しないからである。

通常、還元乳は生乳が不足している途上国で見られる現象で、十分な生乳供給のある先進国の中では我が国だけの特異な現象なのである。他の国々のように余剰乳製品を海外で処分できない我が国にとって、還元乳が需給調整機能を果たすという役割も無視できないが、メーカーが還元乳でそれなりの利益を得られたのも事実である。原価の安い還元乳が普通牛乳とあまり変わらない値段

図表2-2　事故後の数年間の飲用牛乳等の消費指数（平成12年度＝100）

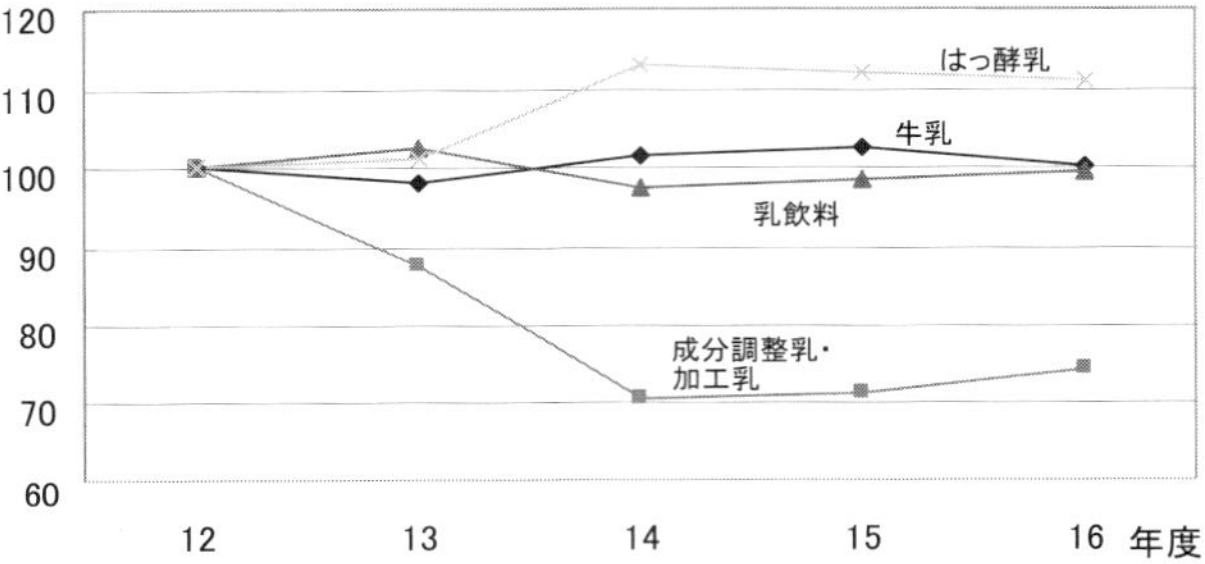

資料：農林水産省「牛乳乳製品統計」等。

で売れたからであり、それは、多くの消費者が、それを還元乳と知らずに購入していたということでもある。ここに大きな問題がある。

　牛乳消費は全体としても伸び悩み、特に、問題となった「還元乳」消費は、「成分調整乳・加工乳」と記されているラインが示すように、しばらく落ち込んだまま回復しなかった（図表2-2）。全般的な牛乳消費の停滞の要因は様々考えられるので、食中毒事故だけで説明できるものではないが、還元乳について言えば、その影響は決定的であった。

　これほどまでに消費が回復しなかったのは、食中毒が起こったこと以上に、事故で初めて、それが還元乳であることが広く認識されたことが原因なのである。つまり、それまでは曖昧な表示で消費者をごまかしていた、と指摘されてもやむを得ない。このように消費者の反発も加わって、還元乳に対する拒否反応が増幅されたと考えられるだろう。

しかし、なぜ日本の消費者は、味の違いで還元乳と普通牛乳が区別できないのか。ここにもう一つ根本的な大きな問題が惹起されるのである。

実は、日本の牛乳業界には、見方によっては、「経営効率重視で消費者が二の次」といわれてもやむを得ない側面がある。日本の消費者が味の違いで還元乳と普通牛乳が区別できないのはなぜかといえば、日本では、120℃ないし150℃、1〜3秒の超高温殺菌乳が大半を占めているからである。つまり日本人が飲んでいるのは、たとえ普通牛乳であっても、（失礼ながら）あまり味覚が敏感とは思われないアメリカ人が「cooked taste」といって顔をしかめる風味の失われた牛乳であるから、還元乳との味に差を感じないのである。アメリカやイギリスでは、72℃・15秒ないし65℃・30分の殺菌が大半であるから、日本で流通している普通牛乳とはまるで違うものなのだ。

1〜3秒の超高温殺菌というのは経営効率からなされた選択に他ならないが、この製法に慣れてしまった現在、また、消費者がむしろ「cooked taste」に慣れて本当の牛乳の風味を好まない傾向もあって、いまさら、業界全体が72℃・15秒あるいは65℃・30分の殺菌に流れることは不可能という見解も多い。

しかし、消費者の味覚をそうしてしまったのもこの業界である。しかも、非常に重要なことは、「刺身をゆでて食べる」ような風味の失われた飲み方の問題だけでなく、超高温殺菌によって、①ビタミン類が最大20％失われる、②有用な微生物が死滅する、③タンパク質の変性によりカルシウムが吸収されにくくなる、などの栄養面の問題が指摘されていることである。消費者の健康を第一に、もう一度、この国の牛乳のあり方を考え直してみる姿勢が必要ではないかと思われる。

ＢＳＥ（狂牛病）問題で十分認識されていないこと

①「寝た子を起こさず、ぎりぎりまで先送りして知らせない」手法の破綻

ＢＳＥについては、２００１年９月に我が国で初めてＢＳＥに感染した牛が確認される何年も前から、ＯＩＥ（Office International des Epizooties, 国際獣疫事務局）から、日本でも感染牛が出る可能性を指摘されていた。しかし、騒ぎを恐れて問題を先送りしたため、対応策が遅れ、問題が発覚したときには手遅れとなったということで、行政及び業界全体の姿勢が問題となった。反省すべき点は大いに反省して、全頭検査を含む様々な世界に冠たる強力な対策が講じられた。

ただし、まだ十分に認識されていないことがあるように思われる。我々は「安全宣言」の意味を再考してみる必要がある。ときどき言われているように、異常なプリオン（タンパク質）は次第に蓄積してきて、ある「臨界値」を超えると検査に引っかかるが、例えば、1ヶ月後には検査に引っかかっただろうけれど、まだ蓄積が少し足りなかった牛は、そのまま市場に出る可能性があるということの評価である。つまり、たとえ全頭検査であっても、ある程度異常プリオンが蓄積した牛が市場に流通する可能性が残されているのである。その場合に、全頭検査だから１００％安全と言えるかどうかということである。

全頭検査以上に重要なことは、危険部位（異常プリオン）の肉への付着を避ける解体・加工方法の確立・普及だと考えられる。これらのことを踏まえて「安全宣言」の意味を考えてみる必要がある。

②ＴＰＰとアメリカ産牛肉の輸入条件緩和問題

我が国は、アメリカでのＢＳＥ発生を受けて、アメリカからの輸入牛肉についても、異常プリオンの蓄積が少ない20ヶ月齢以下の若齢牛の牛肉に輸入を制限してきた。これに対してアメリカからの反発が続いていたが、日本のＴＰＰ交渉参加をアメリカに承認してもらうための「入場料」としてとうとう緩和した。

2011年11月に、当時の野田総理がAPEC（アジア太平洋経済協力会議）のハワイ会合で、日本がTPPに参加したいと表明したが、その1ヶ月前の2011年10月に、BSEの輸入制限について20ヶ月齢以下から30ヶ月齢以下への緩和を検討すると表明した。

なぜ、このタイミングでだったのかというと、それはTPP参加表明のための布石、つまり、「入場料は払いますから、日本の参加の承認をよろしく」というメッセージだったからである。そのあとは、「結論ありき」で着々と食品安全委員会が承認する「茶番劇」であった。アメリカへのお土産として表明したのは明らかなのに、「科学的根拠に基づく手続きでTPPとは無関係」と平気で言い続けた。その後、アメリカから「入場料」の要求額をつり上げられ、ついには、48ヶ月齢以下まで基準を緩和することとなる。つまり、実質的に条件をなくしてしまったのである。

しかし、BSEは24ヶ月齢の牛の発症例も確認されている。しかも、アメリカのBSE検査率はわずか1％程度である。また、危険部位（異常プリオン）の肉への付着を避ける食肉処理が重要だと述べたが、アメリカの食肉処理体制の不備ゆえに危険部位が付着した輸入牛肉が頻繁に見つかっている事実から考えてみても、「20ヶ月齢以下」という条件は国民の命を守るには必要なラインと考えられる。

食品安全委員会に対するパブリックコメントも輸入条件の緩和への反対意見が大半を占めたが、TPP参加の入場料としてアメリカに提示してしまった以上、国民の健康よりも、アメリカのご機嫌を優先せざるを得なかった。そのことは見え見えであるが、国民にそうは言えないので、「科学的根拠に基づく手続きで基準を緩和したのであって、TPPとは無関係」と言い張るしかない事態となったのである。

遺伝子組換え（GM）農産物は安全なのか

①嚙み合わない議論～「実質的同等性」は「安全性」なのか
遺伝子組換え食品についても類似の問題がある。

現在日本で承認され、流通している遺伝子組換え（GM）作物は、大豆、トウモロコシ、ナタネ、ジャガイモ、綿、てんさい、アルファルファ、パパイヤの8品目だが、これら8品目と、これらの作物を主な原材料とする33種の加工食品（豆腐・納豆・味噌・きな粉・コーンスナック類・ポップコーンなど）に「遺伝子組換え」「遺伝子組換え不分別」の表示義務を課している。しかし、現在の表示制度では表示の義務がある食品は限られており、醤油やコーン油などの食用油、菓子類や清涼飲料に使用されている異性化液糖（トウモロコシなどが原料）などには「遺伝子組換えでない」という任意表示も認められている。遺伝子組換え作物を使用しても、その加工の過程で組換えられたDNA及びそれによって生じたタンパク質が残存していないような食品は表示しなくてもよいことになっているのだ。

この表示義務の有無の違いは、例えば同じダイズ由来である「豆腐」と「ダイズ油」を例に考えてみるとわかりやすい。「豆腐」は表示義務があるため、無表示の場合は「遺伝子組換えでない」という意味になる。ところが、「ダイズ油」は表示義務がないため、無表示はつまり、「遺伝子組換え」または「遺伝子組換え不分別」を意味することになる。

実際に、大手の食用油製造メーカーへのアンケートで、ほぼ100％が「遺伝子組換え不分別」と答えているように、普段使っている食用油は遺伝子組換え原料由来である可能性が高い。現在ですらこういった問題があるが、TPPに参加すれば、アメリカの基準に習って、表示義務はすべて廃止されるよう求められる可能性がきわめて高い。

そもそも遺伝子組換え食品の「安全性」は、「実質的同等性」（＝導入する遺伝子が産出するタンパク質の安全性を確認し、また組換え農産物と元の農産物とを比較して成分、形態、生態的特質において変化がなければ安全性は元の農産物と同等という概念）という基準に基づいている。残念ながら、これは、「20年、30年という長期間食べ続けたら何か異変が起きるかもしれない」という消費者の不安に対して、絶対大丈夫だという100％の安全性を保証するものではない。そのような試験結果はどこにもないし、いまのところ誰にもわからないように思われる。

それにもかかわらず、長期摂取の影響に関する消費者の不安に対しては直接回答せずに、「実質的同等性」という認可基準を満たしているという「肩すかし」の回答が繰り返された。「実質的に同等なので、その意味で安全であるが、消費者の漠然とした不安が消えないので、やむを得ず表示を義務化した」という説明は、消費者が無知だから仕方がない、と言っているようなもので不適切だ。「長期摂取の安全性は現時点では誰にもわからないから、表示を義務化して消費者の選択に委ねるしかない」というのが真実ではなかろうか。

したがって、極端な言い方かもしれないが、子供たちが30年食べ続けても大丈夫かどうかの実験に使われてしまっているという表現は否定できないのである。そうした状況なのに、正直に情報を解説せずに、最低限、責任回避を考えたような説明をするのは誠意に欠けるのではなかろうか。現状の科学的見地から言えることはどこまでであるかを明確にし、それでも残る危険は正直に伝えて、消費者の選択を仰ぐしかない。正確な情報の全体像を流さなかった場合の責任もきちんと問われる体制にしていくべきであろう。人の命に直結する食に関わる人間としての「生き方」が問われている。

②懸念される実験結果の報告

こうした中で、最近、ショッキングな実験結果がフランスで報告された。AFP通信社の2012年9月21日付けの「GMトウモロコシと発がん性に関連、マウス実験　仏政府が調査要請」という配信記事を以下に引用する。

GMトウモロコシと発がん性に関連、マウス実験　仏政府が調査要請

【9月21日AFP】フランス政府は19日、遺伝子組み換え（GM）トウモロコシと発がんの関連性がマウス実験で示されたとして、保健衛生当局に調査を要請した。欧州連合（EU）圏内での遺伝子組み換えトウモロコシ取引が一時的に停止される可能性も出ている。

農業、エコロジー、保健の各担当大臣らは、フランス食品環境労働衛生安全庁（ANSES）に対して、マウス実験で示された結果について調査するよう要請したと発

表した。３大臣は共同声明で「ＡＮＳＥＳの見解によっては該当するトウモロコシの欧州への輸入の緊急停止をも含め、人間および動物の健康を守るために必要なあらゆる措置をとるよう、仏政府からＥＵ当局に要請する」と述べた。

仏ノルマンディー（Normandy）にあるカーン大学（University of Caen）の研究チームが行ったマウス実験の結果、問題があると指摘されたのはモンサント社製の遺伝子組み換えトウモロコシ「ＮＫ６０３」系統。同社の除草剤「ラウンドアップ」に対する耐性を持たせるために遺伝子が操作されている。

仏専門誌「Food and Chemical Toxicology（食品と化学毒性の意）」で発表された論文によると、マウス２００匹を用いて行われた実験で、トウモロコシ「ＮＫ６０３」

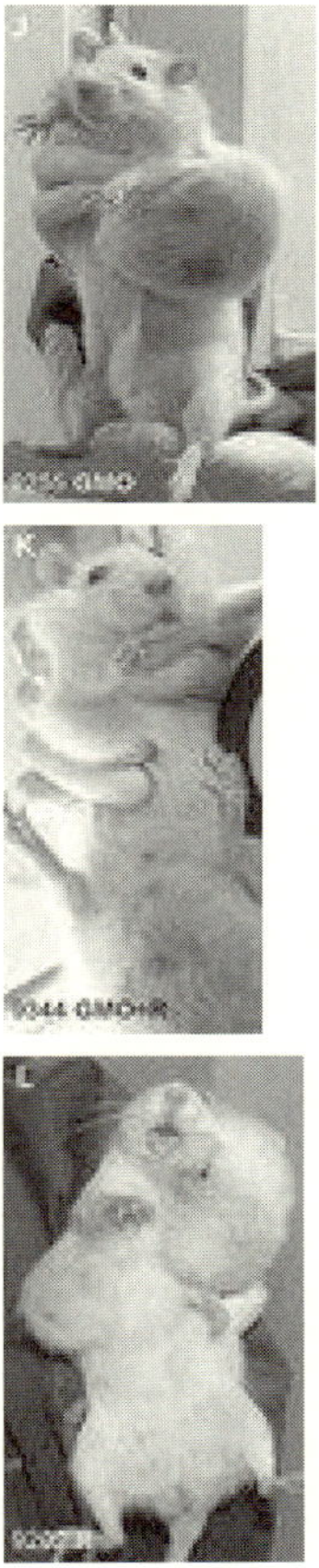

フランスのNGO、CRIIGENが公表した、モンサント社製のGMトウモロコシを餌として与えられ、がんを発生したマウス（撮影日不明）。

を食べる、もしくは除草剤「ラウンドアップ」と接触したマウスのグループに腫瘍を確認した。2年間（通常のマウスの寿命に相当）という期間にわたって行われた実験は今回がはじめてという。

がんの発生はメスに多く確認された。開始から14か月目、非GMのエサが与えられ、またラウンドアップ非接触のマウス（対照群）では確認されなかったがんの発生が、一方の実験群のメスのマウスでは10〜30％で確認された。さらに24か月目では、対照群でのがん発生率は30％にとどまっていたのに対し、実験群のメスでは50〜80％と高い発生率となった。また実験群のメスでは早死も多かった。

一方オスでは、肝臓や皮膚に腫瘍《しゅよう》が発生し、また消化管での異常もみられた。研究を率いた同大のジル・エリック・セラリーニ（Gilles-Eric Seralini）氏は「GM作物と除草剤による健康への長期的な影響が初めて、しかも政府や業界の調査よりも徹底的に調査された。この結果は警戒すべきものだ」と述べている。

取材に対し、モンサント社の仏法人は「このたびの研究結果について現時点ではコメントはできない」と答えた。

欧州食品安全機関（European Food Safety Agency、EFSA）所属のGM作物に関する

委員会は2009年、90日間のマウス実験に基づき、「NK603」は「従来のトウモロコシと同様に安全」との判断を下した。現在、欧州への輸出は可能となっているが、域内での栽培は禁止されている。

ポイントは、これまでは3ヶ月の給餌試験で異変はないとして安全との判断をしていたが、マウスの一生分にあたる2年間給餌すると、このような痛々しいがんの発生が確認されたということである。人間はまだ遺伝子組換え作物を十数年しか食べていないので、80年以上にわたって人間の一生分を食べ続けた場合に、身体にどのような影響が現れるのかは、やはりまだ「実験段階」であり、消費者が不安を持つのは当然ともいえるのである。

③TPPと遺伝子組換え食品の表示問題

消費者が不安を持つのはやむを得ないと思われるデータが出ている中で、このような実験結果に関しては否定的な見解もあるが、せめて表示義務を課すことによって、選ぶ権利だけは与えてほしいというのは当然のように思われるが、アメリカはTPP交渉をテコに、遺伝子組換え食品の表示を許さない方針を世界に広げようとしている。

アメリカが科学的に安全だと認めたものについて、「遺伝子組換えである」、「遺伝子組換えでない」のいずれにせよ表示をすることは、遺伝子組換え食品が安全でないかのように消費者を惑わすことになるから認められない、というのがアメリカ政府の、というか、その背後にあるバイオメジャー・モンサント社などの姿勢である。

我が国にも、全原材料中で重量が上位3品目までで、かつ5%以上の混入があるGM作物については「遺伝子組換えである」という表示義務があり、また、「遺伝子組換えでない」という任意表示も認められているが、これができなくなると、消費者は遺伝子組換えでない食品（non-GM食品）を食べたいと思ってもわからなくなり、結果的に、GM食品がさらに広がっていくことになる。それは食の安全性に関わる問題だけでは終わらない。

GM種子の販売はGM種子会社であるモンサント社など数社のシェアによって多くを占められている。モンサント社などのGM種子会社からGM種子を買うとなると、農家はモンサント社との間にライセンス契約を締結することになるが、すると種の自家採種は禁じられるため（収穫した種子をもとに再度栽培してはならない）、毎年種を買い続けなければ食料生産できなくなる。トウモロコシはF_1種（交配した雑種）が多いので、自家採種した種で栽培しても同じ効果が得られず（1年目と同じ形質が発現しない）問題にならないが、大豆の固定種（それをまくと同じものができる）の場合には自家採種が問題になる。

モンサント社のＧＭ作物の種は「知的財産」として法的に保護されているので、農家がモンサント社のＧＭ大豆の種から収穫した大豆から自家採種した種を翌年まくことは「特許侵害」になるのである。モンサント社の「警察」（モンサント・ポリス）が監視しており、違反した農家は提訴されて多額の損害賠償で破産するという事態がアメリカでも報告されている。農家が生産を続けるにはモンサント社の種を買い続けるしかなく、種の特許を握る企業による世界の食料生産のコントロールが強化されていく。

また、地域一帯の種子を独占したあとに種子の値段を引き上げたため、インドの綿花農家に多くの自殺者が出て社会問題化した事例も報告されている。インド固有の綿花の種もまたＧＭ種子に席巻されつつあるのだ。さらに、メキシコの主食であるトウモロコシが代表的だが、在来種を保存しようとしても、ＧＭ作物などの花粉の飛散で「汚染」されていく事態も数多く報告されており、世界の食料生産・消費・環境がＧＭ種子で覆い尽くされると心配する声もある（モンサントなど種子企業の支配力については次章で詳述する）。

こうした中、人体や環境への様々な安全性についても「絶対大丈夫」とは到底言えない状況で、表示も許さないという流れには多大な懸念があるが、のちに述べるとおり、ＴＰ

Pでは日本はアメリカの要求に逆らえない事態になっている。

知られざるBST（牛成長ホルモン）の危険性

①疑惑のトライアングル

BST（Bovine Somatotropin）に関する議論はあまり行われていないし、牛肉の成長ホルモン問題と混同する人も多いが、これは牛乳・乳製品に関する議論である。筆者はコーネル大学に在籍していた際にBSTの研究に携わっていたが、実は、アメリカから輸入される乳製品には、日本では認可されていない遺伝子組換え技術によって作られたrBST（recombinant Bovine Somatotropin、r－BST）という牛成長ホルモンが入っている。BSTは本来は牛に自然に存在するものであるが、これを大腸菌で培養して大量生産し、乳牛に注射をすると1頭当たりの牛乳生産量が20％程度増加するということで、牛乳生産の効率化技術として登場した。

アメリカは10年に及ぶ反対運動を経て、その遺伝子組換えホルモンを1994年に認可・使用開始したが、日本やヨーロッパやカナダでは認可されていない。開発したモンサント社は、日本で認可申請するかどうかを、筆者にも相談に来たが、日本の消費者が安全性に敏感であることから受け入れられにくいとの判断で、最終的に認可申請を見送った。そのとき、とにかく、いいことばかり話して「大丈夫、大丈夫」と繰り返す説明に、「それでは逆に信用されにくいですよ。○○の懸念はあるが、こうすれば大丈夫です、と率直に話されてはどうですか」と筆者が「アドバイス」したのを思い出す。

しかし、その日本においても、アメリカから輸入されるバター、チーズ、脱脂粉乳などの乳製品を通じて、日本の消費者は認可されていない遺伝子組換えホルモンを知らず知らずのうちに摂取している。所管官庁と考えられる厚生労働省と農林水産省は双方とも「管轄ではない」ということのようである。

ｒＢＳＴを注射された牛からの牛乳・乳製品にはインシュリン様成長因子ＩＧＦ－１が増加するが、心配なのは、１９９６年、アメリカのがん予防協議会議長のイリノイ大学教授が、ＩＧＦ－１の大量摂取による発がんのリスクを指摘していることである。さらには、１９９８年に『サイエンス』と『ランセット』の両誌に、ＩＧＦ－１の血中濃度の高い男性の前立腺がんの発現率が４倍、ＩＧＦ－１の血中濃度の高い女性の乳がんの発現率が７倍という論文が発表されている。

筆者はこうした論文の存在を把握していなかったため、ｒＢＳＴの日本での認可にやや

図表2-3　トライアングルの相互依存関係

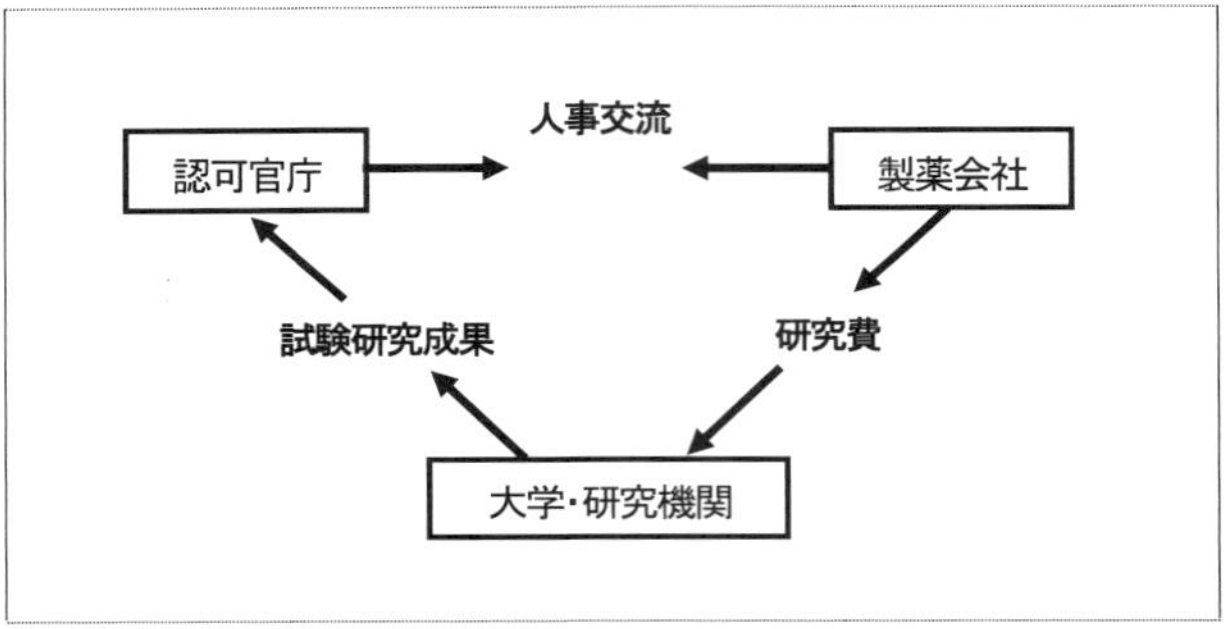

資料：鈴木宣弘『寡占的フードシステムへの計量的接近』農林統計協会，2002年。

肯定的な見解を述べたことが過去にあるが、これを撤回したい。さらに注目すべきは、世界的なコーヒーチェーンのスターバックス（Starbucks）、巨大な小売チェーンのウォルマート（Walmart）、全米最大の飲用乳メーカーのディーン・フーズ（Dean Foods）といった著名な存在が、ｒＢＳＴを投与された牛乳・乳製品を拒否すると宣言したことである。

そもそも、このｒＢＳＴの認可をめぐっては、筆者が「疑惑のトライアングル」と呼んでいる関係がアメリカでも問題になった。図表２－３に示したように、製薬会社は巨額の研究費を大学に投入し、認可のための実験データを作成してもらうが、研究費の多くを外部資金に依存するアメリカの大学では、なかなか否定的なデータは出しにくい。そのデータが認可官庁に提出されるが、認可官庁の最高幹部クラスが人事交流で製薬会社の社長などを勤めたり、社長が認可官庁の長官になったりもする。

つまり、日本では官から民への一方通行の「天下り」であるが、アメリカではグルグル回るので「回転ドア」とも言うべき構造になっている。したがって、筆者が20年も前に、三者にインタビューしたときもそうであったが、どの立場の人物にホルモン剤の安全性を訊ねてみても、まるで同じテープを何回も聞くように「○○だから大丈夫」という同じ回答が繰り返される。しかも、否定的なデータは決して示されない。

こうしたいわく付きのrBSTであるが、発がん性を警告する論文も出てきている中で、認可もされていない日本において、アメリカからの輸入製品経由で消費者が知らず知らずのうちに摂取しているという現実をどう考えたらよいのであろうか。なぜ日本では、この安全性についてあまり議論されないのであろうか。なぜ、うやむやにされたまま放置されているのであろうか。国も業界も「寝た子を起こすな」の感覚に陥っていないだろうか。何か起きてからでは遅いのであり、そのとき誰が責任をとるのか、それを考えてみる必要がある。

しかも、TPPに参加すれば、こうしたアメリカからの乳製品輸入が増加することに留意をしなければならない。輸入品がすべて悪いなどと言うつもりはないが、輸入品にはこうした安全性基準の相違ゆえに大きな懸念もあるということを、正確に消費者に情報提供しなければならないだろう。それは人の命と健康にかかわる仕事をする者にとって当然の責務であるし、自分たちが本物の安全・安心な農畜産物を生産していることを理解してもらうためにも、積極的な情報開示、情報の共有が必要である。

②牛の健康がすべてにつながる

BSTの問題は牛への思いやりの面でも深刻な問題を投げかけている。rBSTを乳牛に注射すると1頭当たりの牛乳生産量が20％程度増加するが、牛には酷なことである。乳量がいわば無理やり増加させられるわけだから、飼養管理をうまくこれに対応させないと、牛はバテて病気になってしまう。アメリカでもrBSTに対応した飼養管理ができずに、牛の病気が増えるという事態が起き、rBST使用を中止した酪農家も多い。

健康な牛とは何か。人間だけでなく、この世に生を受けたものすべてに共通することとして、快適に天寿を全うできることが、「健康」の意味ではないかと思う。筆者はビジネスとしての背に腹は代えられぬ酪農家の経営選択を否定するものでは全くない。酪農家が生きていくためには、経営の効率化が不可欠である。そのためには牛の立場から考えるような余裕はないかもしれない。牛のことばかり思いやって経営が倒産したのでは元も子もない。

しかし、ひとたび牛の立場に立ってみると、なかなか考えさせられてしまう。牛は効率的に牛乳生産をするための道具ではない。十分な運動のできるスペースも与えられず、搾れるだけ搾って、出が悪くなったら、2〜3産で解体されてしまうのでは、牛の一生はあまりにも悲しくはないか。肉牛の場合は肉にするのが目的だから、そんなことも言っていられないが、牛乳生産の場合は少し違う。可能な限り長生きしてもらうことは不可能ではない。

牛が十分に運動できる放牧スペースがないのに頭数を増加すると、牛が快適でないだけでなく、突然死をも招きかねない。頭数が多ければ糞尿の量も必然的に過剰になり、そうした環境で生育した硝酸態窒素の多い牧草を食べることで、牛が酸欠症でバタリと倒れて死亡してしまうことがある。これは「ポックリ病」とも呼ばれ、年平均100頭程度死亡しているとの統計もある（西尾道徳『農業と環境汚染』農山漁村文化協会、2005年）。

そして、rBSTは、牛を酷使して効率を追求しようとする技術の代表格であるが、絶対に大丈夫だと言われていたにもかかわらず、前立腺がんや乳がんの確率が高まるとのデータが明らかになってきた。結局、牛に無理をさせることによって、そのツケは人にも波及してきているのである。

BSEもまた、そうであった。牛乳の成分を高めるために、通常なら草を主体にする牛の食生活を人為的に変更してしまったツケと言えなくもない。つまり、自然の摂理に逆らうことが、環境や牛の健康や人の健康に様々な悪影響を及ぼしつつある。経営効率を優先することは大事だが、牛を酷使し、環境に負荷を与え、回りまわって人の健康をも蝕むならば、それで儲かって何になるか、ということになろう。業界としても、かりに目先の業界の利益にはなっても、全員で「泥船」に乗って沈んでいくようなものである。つまり、長期的には、本当の意味での経営効率を追求したことにはならないわけである。

我が国においても、こうした事態を問題視している農家はある。かなり特別な経営ではあるが、6頭程度の少頭数飼いで、濃厚飼料は使わず、13産（15歳）まで天寿を全うするように育て、生乳はすべて自家で加工し、低温殺菌乳の宅配、ホテルとの契約、チーズ（7種類）とヨーグルト、お菓子の売店とネット販売で生計を立てている酪農家もある。

さらには、代用乳は与えずに母乳で育て、牛が19歳で老衰で死ぬまで牛との生活を楽しみ、その生き方に共鳴した消費者が支えとなっている経営もある。

要するに、究極的には、経営の成立・存続と牛の健康は矛盾するのではなく、牛を大切にし、健康な牛になってもらわなければ、経営も成り立たないのである。家畜にとって理想の環境は次の三つである。「外気と同じ品質の空気」、「草原と同じ機能を持った牛床」、「食う、飲む、横臥の自由」。つまり、必要とされるのは、「理想に近づける」ことであろう。理想に近づいた程度と家畜の健康度はパラレルの関係にある。動物にも、人にも優しい環境を創ることが高い生産性を得る唯一の方法であるのではないだろうか（酪農コンサルタントの菊地実氏談）。

食料自給率が下がるほど増える硝酸態窒素

前節で硝酸態窒素による牛のポックリ病について述べた。あまり認識されていないが、この問題は人間の命と健康にもかかわる大きな問題であるので、少し詳しく述べてみたい。

硝酸態窒素というのは、簡単に言えば窒素が酸化したものである。環境に対して供給される窒素の量が、環境が適正に吸収できる窒素の量を上回ると、つまり、窒素収支のバランスが崩れ供給過剰になると、過剰な窒素は、硝酸態窒素の形で、地下水に蓄積されるか、野菜や牧草に過剰に吸い上げられることになる。硝酸態窒素の多い水や野菜が人間の健康に深刻な影響を及ぼす可能性も指摘されている。そこで、日本の窒素収支がいかなる現状にあるかを我々は考えてみる必要がある。

①我が国の窒素収支

図表2-4は、我が国の食料に関連する窒素収支の変遷をまとめたものである。データ上の最新年の1997年(これ以降の更新がされていない)でみると、まず、日本のフードシステムに入ってくる食料・飼料の窒素重量は、輸入が約120万トン、国産が約50万トンで、合計170万トン程度である。近年は頭打ち傾向にあるが、長期的には輸入の増加により窒素の流入総量が増加してきている。日本のフードシステムから海外に出て行く窒素は輸出が少ないので微々たるものである。

日本のフードシステムに入ってくる国産・輸入の食料・飼料の窒素は、主要な経路は食生活と畜産業、つまり、人間の屎尿《しにょう》及び生ゴミと家畜糞尿として環境に排出される。その量は、1997年で屎尿及び生ゴミが60万トン強、家畜糞尿などが80万トン程度を主として全体で170万トン弱であり、これは国産・輸入の食料・飼料として日本のフードシス

図表2-4　我が国の食料に関連する窒素収支の変遷

			1982	1987	1992	1997
日本のフードシステムへの窒素流入	輸入食・飼料	1000トン	847	1,035	1,164	1,212
	国内生産食・飼料	1000トン	633	665	584	510
	流入計	1000トン	1,480	1,700	1,748	1,722
日本のフードシステムからの窒素流出	輸出	1000トン	27	29	11	9
日本の環境への窒素供給	輸入食・飼料	1000トン	10	20	31	33
	国内生産食・飼料	1000トン	40	51	52	41
	食生活	1000トン	579	631	652	643
	加工業	1000トン	130	152	135	154
	畜産業	1000トン	712	798	835	802
	穀類保管	1000トン	3	3	3	3
	小計	1000トン	1,474	1,655	1,708	1,675
	化学肥料	1000トン	683	669	572	494
	作物残さ	1000トン	226	231	221	209
	窒素供給計（A）	1000トン	2,383	2,555	2,501	2,378
日本の農地の窒素適正需要	農地面積	1000ha	5,426	5,340	5,165	4,949
	ha当たり適正需要	kg/ha	250	250	250	250
	窒素適正需要計（B）	1000トン	1,356.5	1,335.0	1,291.3	1,237.3
窒素総供給／農地受入限界比率	A/B	%	175.7	191.4	193.7	192.3

資料：織田健次郎「わが国の食料供給システムにおける1980年代以降の窒素収支の変遷」農業環境技術研究所『農業環境研究成果情報』、2004年に基づき、筆者作成。鈴木宣弘『食料の海外依存と環境負荷と循環農業』筑波書房，2005年参照。

テムに入ってきた量にほぼ近い量が最終的に環境に排出されていることを示している。これに、圃場(田畑)に残された作物残さ(野菜くず)約20万トンと作物生産に使われた化学肥料約50万トンを加えた環境への窒素供給総量は、1997年には約240万トン弱である。

一方で、日本の農地面積が漸減傾向にあるので、それに農地1ha当たりの窒素需要限度量といわれる250kgをかけて算出される日本の農地の受入可能な窒素需要量は、1982年の136万トン弱から1997年の124万トン弱に減少している。このため、かりに農地ですべての窒素を受け入れるとした場合の我が国の窒素収支の過剰率は、1982年においても、すでに75・7%と大きい。1997年は92・3%という高水準にある。つまり、農地で受入可能な適正量の実に2倍近い窒素が環境に排出されていることになる。

②硝酸態窒素の蓄積と健康への不安

これだけの窒素の供給過剰が続き、長期的には過剰率が高まっている中で、過剰な窒素は、硝酸態窒素の形で地下水に蓄積されるか、野菜や牧草に過剰に吸い上げられることになる。そういう野菜や水を摂取すると、硝酸態窒素の多い牧草を食べた牛が「ポックリ病」で死んでしまうのと同じような病状が人間の乳幼児に起きる危険性がある。

例えば、胃酸が少ない乳児の場合、硝酸態窒素の多い生のホウレンソウの裏ごしを離乳食で食べると、ブルーベビー症と呼ばれる極度の酸欠と呼吸障害を起こすことがある。欧米では、死亡事故にもつながり、70年前からブルーベビー事件として大問題になっている。我が国では欧米に比べて、生のホウレンソウの裏ごしなどを離乳食として与える時期が遅いために、心配ないとされてきたが、実は、死亡事故には至らなかったものの、硝酸態窒素濃度の高い井戸水を沸かして溶いた粉ミルクで乳児が重度の酸欠症状に陥った例が報告されている（『小児科臨床』、1996年）。乳児の突然死の何割かは、実はこれではなかったかとも疑われ始めている。

また、成人については、硝酸態窒素が消化管の中で変化してできるニトロソアミンという発がん性物質が問題視されている。日常的に硝酸態窒素の摂取が継続した場合、消化器系のがんになる確率が高まるのではないかというのである。

さらに、窒素濃度の高さがもたらす健康リスクについては、窒素濃度の高い水を飲むことによる悪影響も懸念されている。特に欧米諸国では水道水源を地下水に頼る割合が高いことから、地下水の窒素濃度の上昇については、日本よりもずっと早い時期から問題視されてきた。農業生産に窒素濃度の高い水を使うことで、過剰な窒素分が作物中に残る可能性なども危惧されたのである。日本においても、1999年にヨーロッパ並みの1リットル当たり10mgという基準値が導入された。環境省により毎年全国的な地下水の水質調査が実施され、基準値を超える地域の井戸水は飲用しないよう、保健所を通じて指導がなされている（水道水については、かりに基準値を超えていれば供給できないので、現在供給されている水道水は大丈夫なはずということになる）。

農作物中の残留窒素に対しては、EUでは「予防原則」（悪影響が疑われる物質は科学的根拠が確定する前であっても対処するという考え方）に基づいて、1999年に統一基準が定められている。品目や季節などによって基準値は異なるが、例えば露地栽培の葉物類に対するEU基準は、1kg当たり2500〜3000mg以下に定められている。日本では、規制や基準値の設定は科学的根拠が定まらないとして見送られているが、この基準に照らせば、基準値を多く超えるものがあることが指摘されている。

さらに、アジアに目を移すと、中国の華北平原、特に江蘇省、山東省付近の畑作地帯を中心にして広範に窒素負荷量の非常に大きい地域が存在する。これらの地域における地下水や、これらの地域で生産される野菜などの硝酸態窒素の問題が心配されるため、この地域から大量の農産物が我が国に輸出されていることが問題になる。

基準緩和の進む残留農薬

国際化の波の中で、SPS協定（動植物の衛生・検疫に関する国際基準）の適用で、残留農薬基準は大幅に緩められたといわれている（図表2-5）。このSPS協定は、WTO加盟国に対し、食品安全や動植物の健康への影響を評価する場合に、WTOが定めた国際規格に基づくことを求めている。ただし、各国の置かれている自然条件や食生活の違いも勘案して、科学的根拠に基づいて、各国がSPS基準より厳しい独自の基準を採用することも認めている（図表2-6）。

そこで、例えば、日本のようにコメが主食で欧米に比べて圧倒的に消費量が多い国では、コメに対する残留農薬基準を厳しくすることには妥当性が認められるだろう。

しかし、それでも、各国からは日本の農産物検疫が厳しすぎるとの批判が多い。アメリカのみならず、筆者が関わった韓国、タイ、チリなどとのFTAの事前交渉（産官学共同研究会）では、輸入食料に対する日本の検査が厳しすぎるので改善してほしいという要請が農業に関するセッションでの話題の大半を占めるほどであった。

図表2-5　SPS協定で緩められた主な残留農薬基準

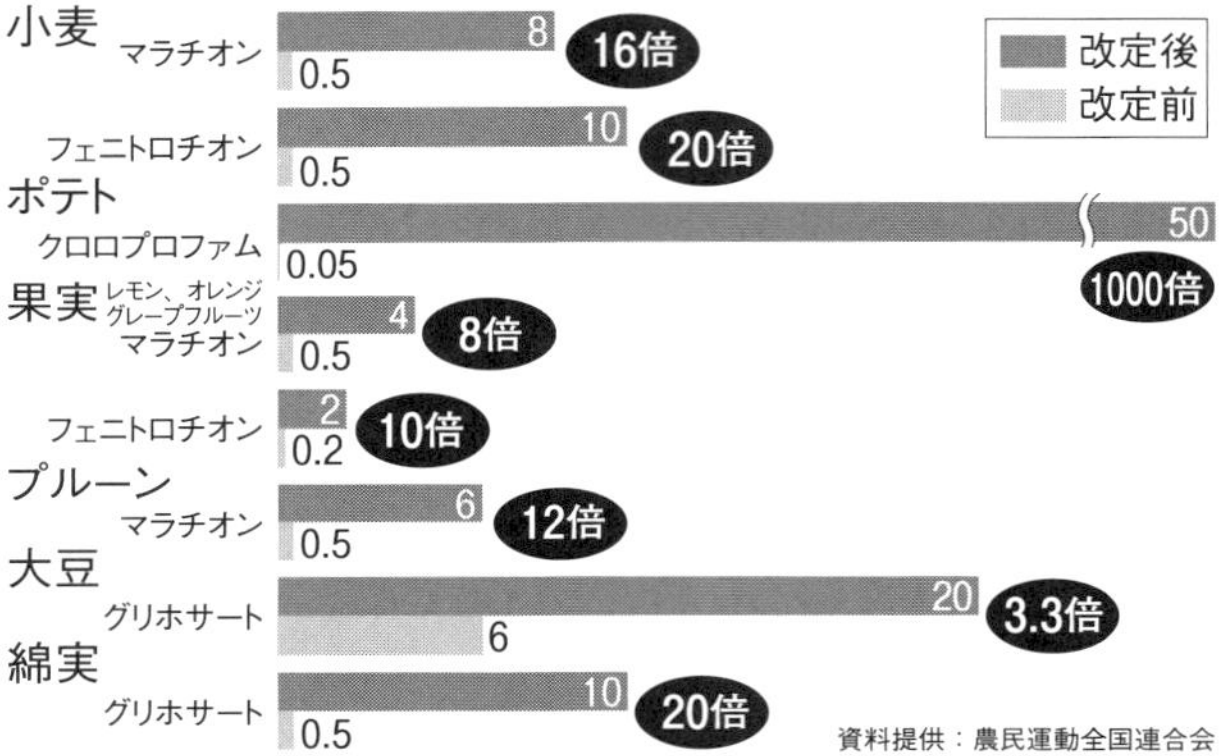

資料提供：農民運動全国連合会

注：衛生植物検疫措置の適用に関する協定（SPS協定）は、食品の安全基準や動植物の検疫基準を国際基準に調和させる（ハーモナイゼーション）のが原則。これに従い、「食品添加物の使用は極力制限する方向で措置すること」としていた食品衛生法が1995年に改正され、489品目の天然添加物が有用性、安全性を確かめることなく既存添加物になった。

出所：『食卓の向こう側④』西日本新聞ブックレット、2004年。

図表2-6　残留農薬基準値の比較（コメの場合）

	基準値（ppm）		米国は日本の…
	日本	米国	
殺虫剤（クロルピリホス）	0.1	8	80倍
殺菌剤（キャプタン）	0.1	6	60倍

出典：関岡英之『国家の存亡』（PHP新書、2011年）をもとに全国農業協同組合中央会が作成。

特に、ＴＰＰ交渉においては、第４章で再度整理するように、アメリカが「科学的根拠に基づかない日本の基準を改定できるルールに変更することに執念を燃やしている」状況で、食の安全基準の緩和が懸念されている。

一方、輸入野菜などからの基準値を大幅に超える残留農薬の検出事件は後を絶たない。しかも、輸入増加の一方で、検査体制の拡充は追いつかず、農産物の90％は書類審査のみで日本に上陸しているとの指摘もある（西日本新聞社「食　くらし」取材班『食卓の向こう側④――輸入・加工　知らない世界』西日本新聞ブックレット、２００４年）。開発輸入業者が残留性の低い農薬を指定して配布しても、それを売って、安い粗悪な農薬を使うこともあるという。

ある国の富裕層には、日本へ輸出している自国の野菜は食べず、日本から輸入した５～10倍の値段の日本野菜を食べるという傾向も指摘されている。牛乳・乳製品についても、同国では、抗生物質検査が十分行われていないため、ペニシリンなどの抗生物質が混入しているとの指摘もある。そうした中で、千葉県酪連に、日本の牛乳を空輸する商談がきたりしているという。一方で、メラミン牛乳やペニシリン牛乳を使用した菓子などの加工食品が日本に輸入されていることも案外見落とされている（なお、輸入農産物における硝酸態窒素含有量も懸念されるところだが、これは、そもそも検査対象にも入っていない）。

こうした状況にもかかわらず、輸入農産物に使用される防腐剤や防カビ剤などのポストハーベスト（収穫後散布）農薬についても日本の基準が厳しすぎるからもっと緩めるようアメリカから求められている。現在、これらは日本では食品添加物に分類されているため、食品パッケージに表示することが義務づけられている。しかしアメリカは、輸入食品の販売を不利にするとして、こうした防カビ剤などの分類を食品添加物から、表示義務のない残留農薬に変更することも要求しているのである。

食品添加物については数え方にもよるが、日本では800種類ほどの認可であるのに対し、アメリカでは約3000種類もの使用が認められているので、より緩やかなアメリカ基準に近づけることが求められている。しかし、こうして、日本の食生活がアメリカ型にさらに近づく方向性については不安をいだかせる研究成果が公表されているので、以下に原文のまま引用しておこう。

米国に住むとアレルギー疾患リスクが上昇、米研究
【2013年5月1日AFP＝時事】米国外で生まれた子どもは米国生まれの子ど

もに比べて、ぜんそくやアレルギー肌、食物アレルギーといった症状が生じるリスクが低いが、米国に10年ほど住むことでアレルギー疾患のリスクが高まる可能性を示す研究結果が、29日の米国医師会雑誌（Journal of the American Medical Association, JAMA）に掲載された。

この研究は、一定の環境暴露を受けると後年、子ども時代の微生物暴露による保護作用を越えてアレルギーを引き起こす可能性を示唆している。

米国では近年、食品アレルギーや肌のアレルギー反応が増加しているが、研究では2007～08年に電話調査を行った全米約9万2000人の記録を検証した。報告された症状にはぜんそくや湿疹、花粉症、食品アレルギーなどがあった。

米ニューヨーク（New York）にあるセント・ルークス・ルーズベルト・ホスピタル・センター（St. Luke's-Roosevelt Hospital Center）のジョナサン・シルバーバーグ（Jonathan Silverberg）氏率いる研究チームは「いかなるアレルギー疾患についても、米国内で生まれた子どものアレルギー疾患率（34・5％）に比べ、米国外で生まれた子どもの疾患率は著しく低かった（20・3％）」としている。「ただし、国外で生まれた米国人でも、米国での在住期間が長くなるほどアレルギー疾患リスクが増加していた」という。

米国外で生まれたが、その後米国へ移って在住歴10年以上の子どもでは、米国に住み始めた年齢に関係なく、湿疹や花粉症を発症する可能性が「著しく」高く、同じ外国生まれでも米国在住歴が2年以内の子どもと比べると、湿疹では約5倍、花粉症では6倍以上の発症率だった。

同研究は「アトピー性疾患の疫学研究において、米国での在住期間はこれまで要因として認識されていなかった。外国生まれの米国人でも後年、アレルギー疾患を発症するリスクが高まりうる」と結論付けている。

農場から食卓までの安全確保をどうするか

以上見てきたように、いま食に関わる様々な不安がある。農場から食卓に届くまで、生産者も、メーカーも、スーパーも、輸入業者も、行政も、関連団体も、食に関わる人々は、人の命や健康に直結する自らの使命をもう一度よく噛みしめてみる必要があるように思われる。

食を極端な価格競争に巻き込むのは危険である。見えないところで節約するために、加工食品やレストランで、食材に農薬や窒素がどれだけ入っていようが関係ないということになったら大変である。これは販売戦略以前の問題である。端的に言えば、人の命、子供たち、我々の子孫の健康を蝕んで儲けても、何になるか、ということになろう。

行政も業界もしばしば隠蔽体質を批判されがちだが、疑わしいことを隠さず、率先して安全性を審査し、それでも残るリスクは正直に説明する誠実さを忘れてはならない。そっとしておこうという対応は、かりに目先の業界の利益にはなっても、全員で「泥船」に乗って沈んでいくようなものである。

もはや薬害エイズやアスベストなどの悲劇を食品で繰り返してはいけない。消費者の購買行動が問題だという見解もあるが、「本物」でないと買わない消費者を育てることもまた、食の安全を確保する上では大切なことではないだろうか。そのためには、十分な情報開示を行うことが先決であろう。加工食品や外食における原材料の原産地表示の徹底も課題となる。しかし、アメリカは、ＴＰＰにおいては、国産か外国産かを表示することも、競争条件をゆがめる表示として問題視する可能性もあるのである。

第3章　食の戦争Ⅰ——モンサント発、遺伝子組換え作物戦争

未認可のGM小麦発見の波紋

筆者も出演したNHKスペシャル「世界同時食糧危機　アメリカ頼みの〝食〟が破綻する」の制作過程で検討した動画で、（2008年10月17日放送）で、アメリカ穀物協会幹部が「小麦は我々が直接食べるので、遺伝子組換え（GM）にはしない。大豆やトウモロコシは家畜のエサだから構わないのだ」と発言し、物議を醸した。

豆腐や味噌などの大豆加工食品で大量の大豆を消費している日本人には見過ごせない発言だ。また、メキシコ人の主食はトウモロコシだが、NAFTA（北米自由貿易協定）でトウモロコシ関税が撤廃されてから、アメリカから安価なGMトウモロコシが流入してメキシコの小規模なトウモロコシ農家が潰れ、在来種が危機に追いやられているとの指摘もある。しかも、アメリカはメキシコの主食をアメリカからの輸入に頼らせておきながら、身勝手なバイオ燃料政策で意図的に食料危機を起こし、2008年には、主食が手に入りにくい事態へとメキシコを追い込んだ。

大豆の多くを輸入に頼る日本にとっても、これは看過できる事態ではない。アメリカ農務省（USDA）高官も語ったように、今では日本人の1人当たりのGM食品消費量は世界一といわれている。日本はトウモロコシの9割、大豆の8割、小麦の6割をアメリカからの輸入に頼っている。ＧＭ作物の種子のシェア90％を握る多国籍企業モンサント社の日本法人・日本モンサントのホームページの解説によると、日本は毎年、穀物（トウモロコシなど粗粒穀物や小麦）、油糧作物（大豆、ナタネなど）を合計で約3100万トン海外から輸入しているが、そのうちＧＭ作物は合計で約1700万トンと推定され、日本国内の大豆使用量の75％（271万トン）、トウモロコシ使用量の80％（1293万トン）、ナタネ使用量の77％（170万トン）がＧＭ作物と考えられる。年間1700万トンとは、実に日本国内のコメ生産量の約2倍に相当する数量である。

ただし、アメリカ穀物協会幹部の発言のとおり、アメリカは、アメリカ人の主食である小麦はＧＭにしないという方針は頑なに守ってきた。アメリカを含め、遺伝子組換えが小麦で認可された例は世界でまだない。

しかし、2013年4月、アメリカのオレゴン州の農家が休耕地の畑で強力な除草剤ラウンドアップを散布したところ、枯れない小麦が見つかった。これは、モンサント社が1998年から試験栽培していた品種で、同社の除草剤ラウンドアップをかけても枯れない「ラウンドアップ・レディ」と呼ばれる未承認のＧＭ小麦だった。健康への影響を懸念する消費者団体や海外の買い手がアメリカ産小麦を避けるようになることを懸念した輸出業者の反発で認可の見通しが立たず、2005年にモンサント社は開発を打ち切っていた。

この事態を受けて、日本も当面オレゴン州産小麦の輸入・入札を停止したが、試験栽培はオレゴン州だけでなく、アメリカ最大の小麦生産州カンザスを含む16州で行われていたことが明らかになっている。したがって、九州大学磯田宏准教授が指摘するように、オレゴン州だけでなく、少なくともそれら16州全てで未承認GM小麦が散乱・自生している可能性がある。そうであれば本来は、その可能性がない、あるいは限りなくゼロに近い、ということをモンサント社ないしアメリカ農務省が証明しない限り、日本政府は少なくとも16州産の小麦全ての輸入を凍結すべきであった。

闘えない日本と闘うEU

磯田氏はさらに続けて、「今の日本は、そうした輸入禁止措置をとることは絶対にできない。日本の小麦自給率は11%しかないからである」と指摘する。つまり、未承認のGM小麦が混入していようが、あるいは未承認や基準以上の農薬(ポストハーベストも含めて)が残留していようが、もうアメリカ小麦を食べずには日本の消費者の食生活は成り立たなくなっているため、小麦、そして小麦と同様に自給率・自給力を失わせられた全ての農産物について、「日本は、すでに自らの食料の『安全性』を守ることも、そのために『闘う』こともできない」と言うのである。

一方、それと対照的なのがＥＵである。２０１３年１月23日のＡＦＰ通信は、欧州委員会（European Commission）がＧＭ作物の承認を２０１４年末まで凍結することを決定したと報じた。ＥＵ参加国のうち、オーストリア、ブルガリア、フランス、ドイツ、ギリシャ、ハンガリー、ルクセンブルク、ポーランドの８ヶ国は、それぞれの国で、ＧＭ作物の栽培を制限か禁止する制度を作っている。

この14年間ＥＵが栽培を承認した人用のＧＭ作物は、ドイツのＢＡＳＦが開発したＧＭジャガイモ「アムフローラ（Amflora）」と、モンサント社が開発したＧＭトウモロコシ「ＭＯＮ８１０」の２種類だけである。しかも、アムフローラは商業的に失敗し、ＭＯＮ８１０の承認更新は２００７年以来停滞し、今回の凍結で承認が更新されることがなくなった。その一方で、発がん性が指摘されているＧＭトウモロコシの情報を、欧州食品安全機関（ＥＦＳＡ）が公開した。

このＧＭトウモロコシは、モンサント社製の「ＮＫ６０３」系統で、フランスのカーン大学のジル・エリック・セラリーニ氏が2012年にマウス実験で発がん性との関連が示されたと発表したものである（2013年1月16日のAFP通信）。日本では、2011年12月1日時点で、71件のGM作物の国内商業栽培の認可が出ており、日本がEUに比べて、アメリカの要請に従順に対応していることがうかがえる。

また、磯田氏は徹底したEUの食の安全戦略について、次のように指摘する。EUは1989年以来、その後WTO紛争処理委員会で敗訴してもなお、「成長ホルモン漬け」アメリカ・カナダ産牛肉の輸入を禁止している。EUはEU食品リスク評価機関で改めてホルモン依存性がん発生リスク評価も行っており、安全性を第一に優先する姿勢の証といえる。だが、EUが「闘い」続けられるのは、EUには95％という確たる牛肉自給率があるからだということを忘れてはならない。

これに対し、日本政府は、国内の肉牛農業者・酪農業者には成長ホルモン使用を禁じていながら、輸入については全く制限なしである。日本政府がアメリカ産「成長ホルモン漬け」牛肉を輸入禁止したいと思ったとしても、食料自給率39％では、もはや「闘え」ない。食品産業は言うまでもないとして、消費者が「それなら牛丼もハンバーガーも食べ放題焼き肉も食べなくてよい」とはならないだろう。

つまり、第二次世界大戦後、先述のウィスコンシン大学教授の講義内容に象徴されるように、日本の食は徹底してアメリカの戦略下に置かれ、変わるよう仕向けられてきたといえる。アメリカは第二次世界大戦後、余剰小麦の援助輸出なども活用しながら日本の食生活をじわじわと変革していった。巧妙な食料戦略は功を奏し、いつしか、アメリカの小麦や飼料穀物、畜産物なしでは、日本の食生活が成り立たないような状況が作られていった。

食料自給率がすでに39％まで低下していることがその証である。そうして食料の量的確保についての安全保障が崩れていること自体が、同時にいま、食料の質的な「安全性」保障までもが崩されかねない事態を招いているのである。食料自給率のさらなる大幅な低下を招き、食の安全基準のさらなる緩和をも求めるTPP協定が、日本の食の量的かつ質的な安全保障の崩壊にとどめをさしかねない。

世界に広がるGM農作物

オレゴン州でのGM小麦発見の事件に限らず、そもそも遺伝子組換えが食市場において大きな政治的争点になりつつあるのには、いくつかの理由がある。

まず、GM作物は生産者にとっては、生産コスト削減や収量増加による所得の増加につながるとの評価から、世界的に生産面積がどんどん拡大しているという現実だ。しかも、その種子を販売する企業は、モンサント社をはじめ、多くの種子会社を買収してきた一握りの「バイオメジャー」（京都大学久野《ひさの》秀二教授による）と呼ばれる大手農薬企業に集中してきている。つまり、ここには種子をめぐる企業間の攻防がある。

一方、GM作物に対する消費者の安全性への不安も高まっていることから、安全表示義務などをめぐっても、世界各国で、消費者による開示要求などの動きがみられる。

しかし、バイオメジャーはあくまでもGM作物のメリットを説く。モンサント社は、イギリスのPG Economics社という調査会社の最新の調査結果によれば、GM作物の本格的な実用栽培が開始された1996年から2009年までの14年間で、全世界の農業所得は約647億4000万USドル（約5兆1760億円）増加、39万3000トンの農薬が削減され、1770万トンのCO_2が削減されたとしている。

現在商品化されているGM作物は、特定の除草剤を散布するだけで雑草防除が効果的に可能となる除草剤耐性作物と、殺虫剤の使用量を大幅に減らしても害虫駆除ができる害虫抵抗性作物の2つに大別される。農業生産者は、GM作物が登場する前は、複数の除草剤を複数回使用したり、土を耕して鋤《す》きこむなど、様々な方法を組み合わせて除草を行ってきた。しかし、GM作物の登場によって、雑草防除や害虫駆除に伴うコストや労力の削減が可能になり、農薬使用量が減ったほか、雑草による競合がなくなり、害虫被害のロスなどが減ったことから、作物の収量が増加し、これらによって農業生産者の所得が増加しているのだとモンサント社は解説している。

もともとはラウンドアップという除草剤の販売会社であるモンサント社は、自社製品を使用した効率的な収穫ステップを次のように説明する。ラウンドアップは無差別に全ての植物を根こそぎ枯らしてしまう強力な除草剤だが、まずラウンドアップで農地の全ての雑草を枯らし、次にモンサント社の除草剤耐性大豆「ラウンドアップ・レディ」の種子を撒く。モンサントの種子からの農産物だけはラウンドアップで枯れることはないため、途中でもう一度ラウンドアップで除草するといった工程を踏むだけでよく、手間がかからないのだと。こうして、ラウンドアップ（農薬）と「ラウンドアップ・レディ」（GM種子）がセットで売れていくのである。つまり、モンサント社は自社で除草剤を作り、さらにその除草剤に耐えられる大豆をも自社で作って収益を上げているのだ。

また、モンサント社は、最近のGM作物の拡大について、次のように報告している。

２０１３年２月に発表された国際アグリバイオ事業団（ＩＳＡＡＡ）の報告によると、

図表3-1　世界の総栽培面積に占める遺伝子組換え作物の割合（2012年）

	非組換え	遺伝子組換え	作付け面積全体
大豆	2,230	8,070	10,300
綿	1,070	2,430	3,500
トウモロコシ	11,490	5,510	17,000
ナタネ	2,480	920	3,400

出所：モンサント社HPより。　単位：万ha

２０１２年の世界のＧＭ作物の栽培面積は、前年比で６％、１０３０万ha増加して、合計１億７０３０万haとなった。ＧＭ作物の商業栽培が開始された１９９６年と比較すると、その栽培面積は実に１００倍に増加したことになる。また、２０１２年の栽培面積の内訳をみると、発展途上国における栽培が全面積の52％を占め、初めて先進国のそれを上回った。

２０１２年度に最も多く栽培された遺伝子組換え作物は引き続き大豆で、世界のＧＭ作物栽培面積の47％に相当する８０７０万haで栽培され、栽培面積は前年比で７％増加した。大豆の次に多かったのが、トウモロコシの５５１０万ha（同32％、前年比８％増）で、綿２４３０万ha（同14％、前年比約２％減）、ナタネ９２０万ha（同５％、前年比約12％増）と続いている。

さらに、アメリカ農務省（ＵＳＤＡ）が２０１２年７月３日に発表した作付け状況によると、アメリカにおいて、２０１２年に遺伝子組換えのトウモロコシ、大豆、綿花が作付面積全体に占める割合は、それぞれ88％、93％、94％となっている。こうした状況下では、非GMの大豆を我が国が調達しようとしても、そのために支払いを要求されるプレミアムが高騰しており、契約が困難になってきているという現実がある。

進む種子市場の少数への集中

しかも、日本農業市場学会の2010年度大会シンポジウムでの久野秀二京大教授の報告では、そのうちモンサント社の組換え形質を含む種子のシェアはトウモロコシで8割以上、大豆で9割以上に達すると見積もられている。

また、久野氏は、こうした市場集中が種子価格の高騰に反映されていることも指摘している。それによると、モンサント社の除草剤耐性大豆の2010年度種子価格は70ドル（1ブッシェル＝15万粒＝25・4kg）で、非組換え種子の2倍、2001年の除草剤耐性品種より143％アップしているという。他社製を含む8種類の組換え形質（害虫抵抗性＋除草剤耐性）を組み込んだトウモロコシの2010年度種子価格は320ドル（1ユニット＝8万粒）と見込まれており、非組換え種子の2・1倍、2001年の組換え種子110ドルはもちろん、2009年の組換え種子235ドルと比べても急激な値上がりとなっている。綿花に至っては、特別な機能向上がなくても、２０１０年度種子価格７００ドル（１００ポンド＝42・5万粒）は非組換え種子の５・９倍、２００１年の組換え種子２１７ドルからも大幅な値上げである。

久野氏は、除草剤耐性ないし害虫抵抗性という作物保護機能によって削減することのできる農薬や農場労働力への支出に照らして、果たしてこれだけの種子価格がペイするものであるかどうかを実証的に分析する必要があるとしている。

このように、ＧＭ作物市場では著しい寡占化が進行してきている。ここで、この寡占化の経緯を振り返っておこう。久野氏は、『経済』２００７年５月号で次のように解説している。

「１９８０～９０年代の農薬・種子産業は、折からのバイオテクノロジー産業化の機運と金融自由化にも触発された世界的なＭ＆Ａブームの渦中にあった。数多くの種子企業やバイオベンチャー企業が異分野を含む多国籍企業に買収されたが、最終的に農薬・種子産業をバイオ産業としてまとめあげたのは一握りの農薬企業であった」

「90年に上位４社の市場集中度が35％であった農薬業界は、２０００年には54％、２００５年には65％に達するまで寡占度を強めてきた。世界農薬市場の８割以上を占めるバイオメジャー６社――バイエル（ドイツ）、シンジェンタ（スイス）、ＢＡＳＦ（ドイツ）、ダウ

（米国）、モンサント（米国）、デュポン（米国）――はまた、傘下の種子企業やライフサイエンス部門を通じて遺伝子組換え（GM）作物の商品開発にも邁進してきた。とくにモンサントは、あくまで一事業会社として農業バイオ事業を展開しているバイエル（クロップサイエンス）やダウ（アグロサイエンシズ）、デュポン（パイオニア・ハイブレッドインターナショナル）など製薬・化学最大手の同業他社と比べて企業規模はさほど大きくないものの、GM作物の商品開発では他社を圧倒している。同社資料等をもとに計算すると、世界全体で栽培されているGM作物品種のうち、同社が開発した組換え遺伝子が導入されているものが、他社の組換え遺伝子との重複分を含め、大豆で93％、トウモロコシで92％、綿花で71％、菜種で44％を占めるとみられている。

農家はモンサントなどのバイオメジャーから直接種子を購入するわけではないが、実際、モンサントは90年代半ば以降次々と大手種子企業を買収し、現在では世界のトウモロコシ種子市場の41％、大豆種子市場の25％、主な野菜種子市場の2～4割を占めている。米国では90年代後半に買収したナショナルブランドのアズグロウとデカルブ（両社で米国トウモロコシ種子市場の約19％）のみならず、2004年に設立したアメリカン・シーズを通じて地域有力企業（リージョナルブランド、同6～7％）を囲い込み、250以上の中小種子会社（同29％）にも遺伝資源と技術をライセンス供与しており、当該市場の過半をモンサントが支配している計算となる。米国では現在、大豆の9割、トウモロコシの6割、綿花の8割がGM品種に置き換わっている。モンサントと同様に数々の大手種子企業を買収してきたシンジェンタや、世界最大の種子企業パイオニアを傘下に置くデュポン、マイコジェンを傘下に置くダウアグロも含め、優良系統品種のほとんどに組換え遺伝子を導入しているため、非GM品種に対する農家の選択肢は狭まる一方である。同様の状況あるいはそれ以上の市場支配が、カナダ（菜種）やアルゼンチン・ブラジル（大豆、トウモロコシ）、インド・南アフリカ（綿花）にも広がっている」

GM作物の種は「知的財産」として法的に保護され、その特許を握る企業による食料生産のコントロールが世界規模で強まっていく。こうして種子をめぐる攻防は一国にとどまらないグローバルな政治的争点となっていくわけだが、久野氏はその様をこう説明する。

「GM作物・食品に対する反対世論が弱まる気配はない。バイオメジャーはバイオ産業団体を通じて、例えば遺伝子組換え生物の国境移動を規制するバイオセーフティ（カルタヘナ）議定書を骨抜きにするため猛烈なロビー活動を展開し、米国・カナダ・アルゼンチン政府に働きかけて欧州共同体の規制政策をWTO提訴するなど、国際的な政策形成過程で大きな政治的影響力を行使してきた。とくにモンサントは米国の政策過程で際だった存在感を誇示してきたことで知られており、数々の『回転ドア』を通じて規制担当省庁や大統領府と蜜月の関係にある」と。

「回転ドア」とは、先述の通り、モンサント社の副社長が認可官庁であるFDA（食品医薬品局）の長官の上級顧問になったり、長官が社長になったりする人事交流での結びつきによる利害の一体化のことである。

バイオメジャーによる種の包囲網

さらに、種子をめぐる企業の攻防が短いスパンで加熱している様は、次のデータにも見て取れる。野口勲『タネが危ない』（日本経済新聞出版社、2011年）によると、1997年当時の種子会社の売上世界ランキングは、以下のようになっていた。

1位　パイオニア（アメリカ）
2位　ノバルティス（スイス）
3位　リマグレイングループ（フランス）

4位　セミニス（メキシコ）
5位　アドバンタ（アメリカ、オランダ）
6位　デカルブ（アメリカ）
7位　タキイ種苗（日本）
8位　KWS AG（ドイツ）
9位　カーギル（アメリカ）
10位　サカタのタネ（日本）

つまり、純粋な種苗会社で占められていたが、例えば、ノバルティスはシンジェンタに吸収され、セミニスはモンサントに買収され、パイオニアはデュポンに買収された。

そして、安田節子氏「生物特許で世界の種子市場を独占支配する多国籍企業」（『食べもの通信』2013年2月号）では、2009年時点で、モンサントは世界の種子売上高の27%、4分の1以上を支配する世界一の種子会社になり、アグロバイオ3社で種子市場の53%を占めていることが示されている。

なお、筆者は日本モンサントの茨城県の実験圃場《ほじょう》（GMトウモロコシ、GM大豆を栽培し

図表3-2　世界の種子会社上位10社（2009年）

企業名	種子売上高（百万ドル）	市場占有率
モンサント（米）	7,297	27%
デュポン（米）	4,641	17%
シンジェンタ（スイス）	2,564	9%
グループ・リマグレイン（仏）	1,252	5%
ランド・オ・レイクス（米）	1,100	4%
KWS AG（独）	997	4%
バイエル（独）	700	3%
ダウ アグロサイエンス（米）	635	2%
サカタ種苗（日）	491	2%
DFL トリフォリューム	385	1%

注：10社で世界市場の64%を占める。
出典：ETC Group "The World's Top 10 Seed Companies-2009"

ている）でも実際に見せてもらったが、モンサント社などが世界各地の種子会社を買収していった背景には、例えば、アメリカのGM大豆の種子を、そのまま日本で植えてもうまく育たないという事情がある。つまり、ひとつの種類のタネがどの地域にも適合するものではない。緯度の違いによる日照時間や気温の違いなど、その地域ごとの特性に合った種子が必要であり、そのためには、地場の種子会社と連携、または、その会社を囲い込み、その地域の特性に合った種子と掛け合わせてカスタマイズした商品を製造する必要があったのである。こうして種子企業が各国に支社を置き、グローバル化してゆくのである。

さらに、モンサント社をめぐっては、アメリカ政府のお墨付きも与えられることになった。2013年3月に、アメリカで別名「モンサント保護法」と呼ばれる「包括予算割当法」（HR993）が成立した。この法の第735条に「モンサント社などが販売する遺伝子組換え作物で消費者に健康被害が出ても、因果関係が証明されない限り種子の販売や植栽を法的に停止させることができない」との趣旨が定められているとして、この法案撤回を求めるオバマ大統領への請願書に25万人以上の署名が寄せられた曰く付きの法律である。農家からの訴訟の可能性を封じ込める企業の予防策を国が支持したと言えるだろう。

モンサント社は、同社が開発したGM作物の種子を購入した農家に対し、知的財産権を理由に自家採種を禁じ、違反を厳しく取り締まっているが、2011年に発効した「食品安全近代化法」が、このようなモンサント社の姿勢をFDA（食品医薬品局）がバックアップするものではないかとの指摘もある。

こうしてもたらされた種子の寡占市場化と、種子のライセンス化は、単なる企業間の競争激化だけでなく、作物を作る農家との間で多くの訴訟をもたらす事態となっている。

「モンサントは、種子の情報を集めるために『モンサント・ポリス』という組織を作り、アメリカやカナダの農家にたいして密告を推奨して摘発を進め、農家に特許権侵害の脅しの手紙を送りつけ、高額の損害賠償金を支払わせる損害賠償ビジネスを展開している。畑の作物を持ち去り、DNA鑑定をして特許権侵害の損害賠償を請求する大企業に、農家はどうやって太刀打ちできるだろうか。多数の農家が破産したといわれる。ほとんどの農家は、破産を避けるために損害賠償の請求に応じざるを得ない。モンサント社と和解する際に、他の農家が実情を知ることができないように、他言しないことを同意させられる。特許種子は、農家を支配する道具になっている」と安田節子氏は批判している。

農家が生産を続けるにはモンサント社の種を買い続けるしかなく、種の特許を握る企業による世界の食料生産のコントロールが強められていくのである。もちろん、こうした事態は、NAFTAによってメキシコが追い込まれたように、TPPによって日本にもたらされる可能性が大きい。

種子企業の政治力、世論誘導力

さらに、モンサント社などの世論形成力の大きさを物語る出来事が2012年にカリフォルニアで起きた。2012年10月18日の「SANKEI EXPRESS」は、「遺伝子組み換え　米国、表示義務化も」の見出しで次のように報じた。

米カリフォルニア州で11月6日、店頭での遺伝子組み換え作物の表示義務化をめぐる住民投票が実施される。米国はこれまで官民で組み換え作物を推進しており、安全性に問題はないとして表示義務はないが、消費者団体などが投票を提案。9月時点の世論調査では賛成派が優勢だ。

義務化が実現すれば全米初。自動車の排ガス規制など先進的な環境行政で知られるカリフォルニア州で義務化されれば、ほかの州に与える影響も大きいため、注目を集めている。

住民投票にかけられる州法案は、カリフォルニア州内で販売される組み換えの野菜や果物、組換え作物を原料にした加工食品に「遺伝子組み換え」「組み換え原料を使用」などと表示させる。

表示義務化は消費者団体や有機栽培作物を扱う農家、小売店などが推進。「私たちは何を食べているか知る権利がある」と訴え、署名を集めて投票実施にこぎ着けた。

9月17〜23日、南カリフォルニア大などが実施した世論調査では、「賛成」が61％。「反対」の25％を大きく上回った。

「賛成」の陣営の広報担当、ステーシー・マルカンさんは「組み換え技術を持つモンサントなど米企業の強力なロビー活動により、これまで表示を求める声が大きくならなかったが、米国でも食の安全に対する意識が高まった」と指摘する。

米国は遺伝子組み換え作物の本場だ。現在、米国で生産されるトウモロコシの88％、大豆の94％が組み換え作物。米食品医薬品局（FDA）も「安全」というお墨付きを与えており、日本や欧州連合（EU）では義務付けられている「組み換え」の表示はない。

「反対」の陣営にはモンサントのほか、影響を受けるコカ・コーラ、ケロッグ、クラフト・フーズなど大手食品メーカーがずらり。「組み換え作物は安全なのに、表示は誤解を招く」「製造コストが増えて食料品の価格が上がる」と訴える。
ロサンゼルス・タイムズ紙によると、キャンペーンを展開する費用は「賛成」側の10倍近い3250万ドル（約25億円）を確保。9月下旬からテレビ広告も開始し、巻き返そうと躍起だ。

その後、2012年11月7日の「Food Navigator-USA」は「米カリフォルニア州で遺伝子組み換え食品の表示を義務化する法案が否決」との見出しで、次のように報じた。

米国カリフォルニア州で6日、遺伝子組み換え食品の表示を義務化する法案に対する住民投票が行われた。当初の世論調査では法案支持派が多数を占めていたが、投票日が近づくにつれて反対派との差は徐々に縮まってきていた。投票結果は賛成47％に対して反対が53％となり、法案は否決された。
賛成派が食品に関する消費者の知る権利を主張したのに対し、反対派は無用な訴訟の発生や食料費の増大などを指摘し、大量の資金をつぎ込んで反対キャンペーンを展開してきた。

反対派として名を連ねたのはモンサント社、ペプシコ社、クラフト社、ゼネラルミルズ社、デュポン社などの大企業で、宣伝広告やロビー活動に費やされたのは450万ドルであった。一方、賛成派のキャンペーン活動はオーガニック食品や自然食品の会社を中心として行われ、広告費は600〜800万ドル程度であったと伝えられている。

消費者同盟の食料政策担当責任者ジーン・ハロラン氏は、「今回は残念ながら大企業の資金力を背景とした中傷合戦に屈した形になってしまった。反対派は、消費者が情報に基づいて遺伝子組み換え食品を選択するかどうかの決定を下すことを望まないということだ」と述べている。義務化賛成派は今後、連邦法による遺伝子組み換え食品表示義務化を目標とする方針だ。

GM食品ラベル表示義務化をめぐるこの一連の攻防戦は、GM種子企業にかぎらず、アメリカの大企業の資金力が政治を動かし、世論をも操作できることを如実に物語っている。TPPの推進もまた、巨大な資金力を持つ一握りの企業の利益のために、選挙資金で結びついた一部の政治家、「回転ドア」の人事交流で結びついた一部の官僚、スポンサー料で結びついた一部のマスコミ、研究資金で結びついた一部の研究者が一体となって、国民の命や健康もないがしろにしかねない側面がある。

TPPでは、モンサントなどの種子ビジネス、カーギルなどの穀物商社、多くの食品加工業、肥料・農薬・飼料産業、輸出農家などが、例外なき関税撤廃で各国の食料の生産力を削ぎ、食の安全基準などを緩めさせる規制緩和を徹底し、食の安全を質と量の両面から崩すことによって、「食をめぐる戦争」に勝利し、利益を拡大することを目指している。

それは、各国の国民の命と健康を犠牲にしてもアメリカの企業利益の追求を進め、かつ、それが世界の食をアメリカがコントロールできる体制に繋がり、アメリカが「最も安い武器」である食料を握ることで、「食の戦争」に勝利し、世界の覇権を維持しようとする戦略としても位置づけられよう。

食い違う見解

しかし、こうした見方に対して、真っ向から対立する見解も主張されている。例えば、日本モンサント社のホームページhttp://www.monsanto.co.jp/question/04/07では、Q＆Aの形式で、次のような解説がある。

質問　遺伝子組み換え作物が広まるとモンサント・カンパニーが世界の農業や食料を独占することになりませんか？

回答　どの種子を選ぶかの決定権は、農業生産者にあります。遺伝子組み換え作物に限らず、作物種子の開発企業は沢山あります。モンサント・カンパニーは、種子の選択肢の1つとして、農業生産者へ価値ある製品を提供しています。

今日では技術が進歩し、遺伝子組み換え（GM）作物、非GM作物のいずれについても、これまで以上に多種多様な品種が販売されています。GM作物も、モンサント・カンパニー以外に複数の競合他社があり、激しい市場競争が存在します。GM以外の種子も同様に販売されています。その中から農業生産者の方々が、除草や害虫駆除が効率的にできる、コストや労力が軽減できる、農薬使用が削減できる、不耕起栽培など環境保全型農業が推進できる、収量が高いなど、様々なメリットを考慮して、弊社の種子を選び、購入してくださっています。

私達は、モンサントのビジネスが競争を促進し、それが農業生産者の利益につながっていると確信しています。競争の促進により、農業生産者は、自らが求める作物種子を、多くの製品の中から、自らの意思で選択することができます。

GM食品の安全性についても、見解は真っ向から対立している。同じく、日本モンサント社のホームページhttp://www.monsanto.co.jp/data/knowledge/knowledge5.htmlでは、GM食品の安全性についても、次のように説明されている。

質問　遺伝子組み換え食品を食べ続けても大丈夫ですか?

回答　食品に含まれるDNAから出来ている遺伝子は、胃や腸の中で消化、吸収されて分解されます。したがって、食べた遺伝子が人や動物の身体に残ることはありません。遺伝子組み換え食品がこれまでの食品と異なるところは、新たに挿入した遺伝子が組み込まれていることですが、こちらも他の遺伝子と同様、全く同様に消化されます。

また組み換えられた遺伝子が新たにつくるものはタンパク質ですが、このタンパク質がちゃんと消化されていることが安全性審査で確認されています。またこのタンパク質が新たに毒性を持たないか、アレルギーを引き起こさないかという点についても調べられています。これら安全性審査をクリアしたものだけに、商品化のための認可が与えられます。

一方、食品に混入する重金属のような場合、摂取すると消化されずに体内に蓄積してしまうため、たとえ微量であっても長期間食べ続ければ健康に影響を与えることになります。しかし、遺伝子組み換えによって新たに作られるものはタンパク質で、それは消化され蓄積することはありません。ですから長期間にわたって食べ続けても大丈夫です。

日本国内でモンサント社による遺伝子組換えナタネがすでに自生しているとの指摘があるが、それにも次のように回答する。

質問　遺伝子組み換えナタネが輸入され国内で運ばれる際に、港周辺や道路でこぼれ落ちて、わが国の生物多様性に悪影響を及ぼすことはありませんか？

回答　遺伝子組み換えナタネの種子がこぼれ落ちて、道ばたなどで自生している例は国内で確認されています。しかしこれらの種子は、申請の際にカルタヘナ法に基づく生物多様性影響評価において、従来の非組み換えナタネと比べて生存能力や交雑性が高まっていないかどうか評価されたもので、わが国の生物多様性に影響を与えることはないと既に判断されています。したがって、たとえ種子がこぼれ落ちても、生物多様性に影響を与えるとは考えられていません。

またセイヨウナタネの場合、自然条件下においては他の野生植物などの競合に負けてしまい、自生化することは難しいことが知られています。組み換えナタネが輸入される以前から、非組み換えのセイヨウナタネは何十年にもわたって輸入されてきましたが、この種子がこぼれ落ちて日本の在来植物が駆逐され、生物多様性に影響を及ぼした事例は認められていません。

念のために農林水産省では、遺伝子組み換えナタネの生育実態や特性について継続的に調査を行っています。しかし、これまでのところ、生物多様性に影響を及ぼしていないことが確認されています。

生物多様性を脅かすのではとの観点から、モンサントの除草剤をまいても枯れない新たな抵抗性雑草の繁殖も指摘されるが、それには次のように回答する。

質問　除草剤耐性の遺伝子組換え農作物の遺伝子が、他の雑草に移って、除草剤をまいても枯れないような抵抗性雑草が繁殖するようなことはありませんか？

回答　農作物は、近縁種以外の植物と交雑する事はありません。トウモロコシや大豆などと交雑可能な近縁種は限られているため、除草剤耐性作物から一般的な雑草へ遺伝子が移動し、雑草が除草剤耐性を獲得する、ということはありません。

また、同じ除草剤を使い続けることによって、雑草がその除草剤に対して抵抗性を獲得する事がありますが、これは１９６０年代から報告されており、遺伝子組み換え作物（除草剤耐性作物）に特有の問題ではありません。対応としては適切な他の除草剤を用いるといった対応をとることで、抵抗性雑草の発生・拡大リスクを最小化することが可能であり、遺伝子組み換え作物も従来の作物も、同様の手法で対応可能です。

以上のように、GM農産物の安全性に懸念を持つ人々と、GM農産物を推進しているモンサント社やGM技術を専門分野とする研究者とは議論が嚙み合っていない。基本的に、GM推進サイドは、「科学的に安全性が確認されているものを心配するのは消費者の無知のせいであり、粘り強く啓蒙するしかない」という立ち位置であるが、もう少し謙虚になってもらいたい。

特に、安全性への大きな懸念をいだかせる検証結果も出てきている中で、「遺伝子組換え作物を長期間にわたって食べ続けても大丈夫」などと断言できるのであろうか。双方が誠意を持って、客観的なデータに基づいて、冷静な議論をすることなしには、水掛け論のままで、何も解決に向けて進まない。

中国のGM推進は暴走しないか

もう一つ、目が離せないのが、中国の動きである。GM作物の「開発大国・規制小国」（天笠啓祐氏）である中国は、2005年にも、未承認のGMイネが栽培され、流通していたことをグリーンピースが見つけ、大問題になったが、2010年4月5日付『中国新聞周刊（China Newsweek）』誌も、「湖北省などを中心として、未承認のGMイネの栽培・

流通が拡大している」という特集記事を掲載した（立川雅司茨城大学教授の情報）。

農水省によれば、中国は、１９８６年にGM作物の研究を開始してから、20年以上にわたり研究開発を積極的に推進し、世界をリードする水準にあり、２０１０年２月時点で、中国国内で研究や試験を行っているGM生物は、動物、植物、微生物を合わせて１００種類超、２００以上の遺伝子に及ぶという。

中国はGMイネの商業栽培に向けて動きだしているが、モンサント社や日本のGM研究者も心配するのは、中国が厳格な管理を行わないままGM作物を広げてしまうことだと話している。

ただ、２０１０年１月11日の『日刊ベリタ』で、天笠啓祐氏（ジャーナリスト、市民バイオテクノロジー情報室代表）は、こう指摘する。

「中国政府が、遺伝子組み換え（GM）イネ2品種を承認したようだという、有力筋の情報が、11月下旬に流れました。世界中を情報が流れましたので、正式に承認した模様だと思いましたが、12月4日にやっと正式に、同国政府が認めました。中国の承認の仕組みでは、今後、品種登録を経れば商業栽培が可能となります。今回承認されたのは、華中農業大学が開発した殺虫性（Bt）イネ2種類で『汕優63号』と『華恢1号』です」

さらに、この中国でのGMイネ承認の背景には、アメリカ政府とモンサント社の影がつきまとっているのだという。

「米国やモンサント社は、早期承認を求めて、働きかけを強めていました。そのモンサント社は、昨年11月4日、中国で初めてとなる研究施設開設を発表しました。このモンサント・バイオテクノロジー研究センターは、北京郊外に建設され、中国の研究機関と共同で研究・開発が進められます。バイテク大国化しつつある中国市場を睨んだものといえます。なお同社の類似の研究施設はブラジルやインドにも置かれています。モンサント社だけではありません。独バイエル・クロップサイエンス社も中国の国立イネ研究所との共同開発を進めています」と述べ、モンサント社やアメリカは、中国のGM「暴走」をビジネス・チャンスとして、むしろ後押ししているとの見方を示している。

人体や環境への影響を軽視したまま、一握りの企業利益のみが暴走し、世界の食が生産から消費までコントロールされていくのは危険である。企業レベルでの国境を越えた食の支配が、アメリカがバックアップする形で強まりつつあることは、否定できない事実である。人々の命と暮らしをむしばんで、企業だけが栄えることはあり得ないということを、みなが冷静に考えなくてはならない。

第4章　食の戦争Ⅱ——ＴＰＰと食

崩れた「食の安全基準は緩められることはない」

「ＴＰＰで食の安全が脅かされることはない」という主張は、もはや崩れた。ＴＰＰを推進する方々は、「アメリカはＴＰＰで日本の国民健康保険を取り上げないと言っているから大丈夫だ」、「食料の安全基準は各国が決める権利があるのだから緩められることはない」などと主張してきたが、それが間違いだったことが明らかになった。

筆者は、「アメリカは日本に対して従来から求めてきた様々な規制緩和要求を加速して完結させるためにＴＰＰをやるのだから、医療や食の安全が影響を受けないわけはない。かりにＴＰＰの条文に出てこなくとも、ＴＰＰの交渉過程での取引条件などとして、過去の積み残しの規制緩和要求を貫徹させようとするのがアメリカの狙いだ」と指摘してきたが、その通りになってしまった。

２０１３年４月12日の日米のＴＰＰ事前協議の合意によって、自動車、保険、牛肉などの「その他の非関税障壁」（関税以外の方法で、輸入製品にかける足かせ）についての規制緩和などアメリカの要求する「入場料」にとどまらず、アメリカ議会の90日の承認手続の間に、さらに追加的な譲歩がなければ日本の参加を認めないと脅された。さらには、日本の交渉参加後も、TPP本体の条文の交渉とは別に、並行してTPP交渉の終了時までに残る「支払い不足分」、つまり食品添加物や農薬といった食の安全基準を緩和するなどの「非関税障壁の撤廃」についてもアメリカの要求に応じることを明文化して確約させられたのである。

第2章で述べたように、SPS協定（動植物の衛生・検疫に関する国際基準）では、各国の置かれている自然条件や食生活の違いも考慮したうえで、科学的根拠に基づき、各国がSPS基準より厳しい独自の基準を採用することも認めている。

そこで、「食料の安全基準や検疫措置は各国政府に決める権限があるのだから緩められることはない」というのが日本政府の説明だが、アメリカは、まさに「各国に決める権限がある」ことを問題にしているのである。

2011年12月、アメリカの公聴会でマランティスUSTR（通商代表部）次席代表（当時）が、日本が不透明で科学的根拠に基づかない検疫措置でアメリカの農産物を締め出している現状を是正すべきであり、TPPにおいてはアメリカ自身がこれをチェックして変えられるシステムに変更することに執念を燃やしていると発言している。日本の食の安全を守る制度がISD条項（外国の企業や投資家ビジネスの障壁となる制度による損害の賠償を求めて、相手国を投資紛争解決国際センターに訴えることのできる条項。投資家対国家間紛争解決条項）で提訴されることも想定しなくてはならない。

しかも、アメリカのＴＰＰの主席農業交渉官はモンサント社の前ロビイストであるイスラム・シディーク氏であると報じられている（久野秀二京大教授）。そして、そもそも、すでにアメリカからの要求で数々の基準緩和をしてきているのだから、ＴＰＰでその傾向に歯止めがかかるわけがなく、むしろ加速して「とどめを刺す」のがＴＰＰだという本質を忘れてはならない。

すでに低関税な日本農業

「食料は、軍事、エネルギーと並ぶ国家存立の三本柱」とは世界的には当たり前のことだが、日本では当たり前でない、ということは第1章でも述べたとおりである。しかし、一次産業をおろそかにしたら、国は成り立たない。

「ＴＰＰで過保護な日本農業を競争にさらして強くし、輸出産業に」という見解をよく耳にするが、これは間違っている。貿易自由化を進めることで利益を得る人たちの世論誘導を見破らなくてはならない。

というのも、すでに日本農業は「過保護」ではないからだ。日本の農業保護度は世界的に見てもかなり低いのである。農業従事者の高齢化などの問題があるのは確かだが、日本農業は過保護だから高齢化したのではない。過保護なら所得が多く、もっと若者が継ぐはずであろう。むしろ真実は逆で、世界一の「優等生」として、WTOルールを厳格に受け止め、関税も国内保護も削減し続けたために高齢化などの問題が生じたのである。TPPに参加して、これ以上その流れを加速・完結してしまったら、「攻めの農業」や農業の体質強化どころか、その前に農業が崩壊してしまう。

アメリカやオーストラリアといった他国との土地条件の圧倒的な差を無視した上で、規模拡大してコストダウンをし、輸出で経営を伸ばしていけるなどというのは、現場の実態を無視した「机上の空論」である。輸出によってまかなえる収入は農家の収入のごく一部にとどまる場合が多く、輸出だけで経営が成り立っている農家はいない。よって日本全体の輸出が伸びる前に、TPPによる安いコメなどの流入によって国内販売が縮小し、経営難に陥るというのが、起こりうる現実だ。

もちろんコスト削減や輸出を伸ばす努力は必要だが、そうすれば、TPPには何も問題ないかのような議論は間違っている。TPPと絡めて農業の体質強化の必要性を議論するのは話の「すり替え」である。たとえ日本で一番競争力があると言われる北海道の40ha規模の畑作であっても、適正規模1万haの西オーストラリアの畑作とゼロ関税で競争したらひとたまりもない。そうなれば北海道農業は壊滅的打撃を受け、関連産業の大半が一次産業に依存して成り立っている地域経済も崩壊してしまうだろう。

誤解されているが、野菜の関税3％に象徴されるように、すでに日本の農産物の9割の品目は非常に低関税なのである。すべての関税を撤廃するTPPで残り1割の「最後の砦」が崩されれば、コメ、小麦、サトウキビ、ビート、じゃがいもなど、土地面積に絶対的に制約される品目の生産が大打撃を受ける。

日本のような零細分散型の農業では、大型機械を効率的に使うこともできず、高コストにならざるをえない。このような、農家がいくら頑張っても埋められない外国との格差を調整するために、関税がもうけられているのである。それならば、かわりに土地の制約を受けにくい野菜や花をつくればよいではないかという見解もある。しかし、それらに生産が集中すれば、2割の増産で価格は半分に暴落してしまうだろう。そうやって何を作ったらいいかわからぬ状況が全国に広がり、地域経済も沈んでいきかねないのである。

米価も10年で7割になってしまった。我が国の農業所得に占める補助金の割合は20％にも満たないのに対して、ＥＵ各国（フランス、イギリス、スイスなど）は農業所得の95％が補助金である。我が国ではすでに廃止された、穀物や乳製品価格が低下したときの政府の買入れによる価格支持制度も欧米では維持されている。「命を守り、国土を守り、国境を守る産業をみんなで支える」覚悟が欧米にはある。このあたりの事情については次章でも詳細に説明する。

ＴＰＰの本質――「１％の１％による１％のための」協定

そもそも、ＴＰＰとは何か。

その前身は、２００６年にできたシンガポール、ニュージーランド、ブルネイ、チリによるＰ４協定であるが、それをアメリカの多国籍企業が「ハイジャック」したという表現がわかりやすいだろう。当初は比較的小さな国々が関税撤廃やルールの統一を図って、経済圏を一国のようにすることで国際的な交渉力を高めようとする意図があった。しかし、アメリカの大企業は、格差社会に抗議するデモが世界的に広がり、規制緩和を徹底して自らの利益を拡大する方法がとりにくくなってきたのを打開するために、時代の流れに逆行し、ＴＰＰによって無法ルール地帯を世界に広げることで儲けようと考えた。

ノーベル経済学賞学者のスティグリッツ教授の言葉を借りれば、ＴＰＰとは人口の１％ながらアメリカの富の40％を握る多国籍な巨大企業中心の、「１％の１％による１％のための」協定であり、大多数を不幸にするものだ。

たとえ99％の人々が損失を被っても、「１％」の人々の富の増加によって総計としての富が増加すれば効率的だという、乱暴な論理である。ＴＰＰの条文を見られるのはアメリカでも通商代表部と６００社の企業顧問に限られ、国会議員も十分にアクセスできないことが、その実態を如実に物語っている。最近来日したスティグリッツ教授が、「ＴＰＰはアメリカ企業の利益を守ろうとするもので、日米国民の利益にはならない。途上国の発展も妨げる」と指摘したとおりである。

政策・制度は、相互に助け合い支え合う社会を形成するためにあるが、「１％」の人々の富の拡大にはじゃまである。そこで、「対等な競争条件」(leveling the playing fields) の名の下に、様々な仕組みを、国境を越えた自由な企業活動の「非関税障壁」として攻撃する。アメリカの民間保険会社が日本でシェアを拡大するには国民健康保険がじゃま、相互扶助の共済の税制優遇がじゃま、アメリカの製薬会社の利益拡大には薬価を低く抑える公定制度がじゃま、アメリカの自動車業界には軽自動車の優遇税制や日本の安全基準はじゃま、アメリカの農産物輸出増加には日本の食品安全基準がじゃま、学校給食に地元の食材を使う地産地消奨励策も参入障壁だ、先端医療保険市場の拡大のために混合診療を解禁しろ、といった具合である。やめないなら、ISD条項で日本政府を投資紛争解決国際センターに提訴して損害賠償させ、撤廃に追い込むぞという「切り札」で威嚇するのである。

アメリカはNAFTAですでにその手法を行使してきた。メキシコやカナダに対してISD条項を使って、社会の公平を守るセーフティネットも、人々の命を守る安全基準や環境基準までも、自由な企業活動を邪魔するものとして投資紛争解決国際センターに提訴、あげくの果てに損害賠償や制度の撤廃へと追い込んできた。なぜこんなことが可能なのかと言えば、これは判断を下す投資紛争解決国際センターがアメリカのコントロールする世界銀行（歴代総裁はアメリカが占めている）傘下にあり、ISD条項による訴訟ではアメリカに有利な判決が出されるからである。つまり、「日本もISD条項をアジアとのFTAで入れているのだから何が問題なのだ」という指摘は間違いなのである。

日本においても、地方自治体の独自の地元産業振興策、例えば、「学校給食に地元の旬の食材を使いましょう」という奨励策も競争を歪めるものとして攻撃され、ISD条項が発動されなくとも発動懸念の恐怖がもたらされかねない。そうなっては地方自治体行政の存在意義そのものが喪失しかねないだろう。

また、「アメリカは国民健康保険については問題にしないと言っているのだから大丈夫だ」というのも間違いである。ISD条項があるから、アメリカの保険会社が後に日本の国民健康保険を「参入障壁だ」と提訴することで、損害賠償の獲得と制度の撤廃に追い込むことができる。また、日本の薬価決定にアメリカの製薬会社が入り、薬の特許も強化されて安価な薬の普及ができなくなり、国民健康保険の財源が圧迫され、崩されていく。

すでに長年、アメリカは日本の医療制度を攻撃し、崩してきている。この流れにとどめを刺すのがTPPであり、TPPで攻撃が止まるわけがない。けがをしても病気になっても病院で門前払いされる無保険者が5000万人に達するアメリカの医療が、明日の日本の姿になることを誰が許容できるだろう。まして、「食」というライフラインにもアメリカ流のやり方が及べば、どうなるだろうか。

「1%」と結びつく政治家、官僚、マスコミ、研究者の暴走

TPPは「産業の空洞化」を最も促進することを忘れてはならない。海外直接投資の徹底した自由化によって、たとえばベトナムに進出して儲けられるのがTPPのメリットだ

という見解からわかるように、日本国内の雇用は減る。日本に工場が残っても、海外からの安い雇用が増える。こうして、今までになく日本人の雇用が失われるのがＴＰＰである。アメリカの２０１３年の世論調査でも、78％がＴＰＰに反対だと回答した。理由は「雇用が失われるから」である。アメリカでは儲かるのは「１％」の人々だということが理解されている。

しかし、なぜ、わずかな人たちの利益が尊重されるのか。アメリカにおいてそれは、その選挙資金がないと大統領になれない政治家、「天下り」や「回転ドア」（例えば、食においてはＦＤＡの最高幹部と製薬会社の経営陣が、双方のポジションを行ったり来たりすること。70、１０３頁参照）で一体化している一部の官僚、スポンサー料でつながる一部のマスコミ、研究費でつながる一部の学者などが「１％」の利益を守るために、国民の99％を欺き、犠牲にしても顧みないからである。

日本も同じである。すでに、以前の自公政権による規制緩和の嵐の中で、大店法を撤廃し、派遣労働を緩和した。全国の駅前商店街はシャッター通りになり、所得が２００万円に満たない人々が続出した。これが本当に幸せな社会なのか、均衡ある社会の発展なのかが問われた。この極端な規制緩和は２００９年度の政権交代によって「ノー」を突きつけられたはずなのに、自民党は政権復帰後、性懲りもなく、「経済財政諮問会議」、「産業競争力会議」、「規制改革会議」などを新設・復活させ、大手企業の経営陣とそれをサポートする市場至上主義的な委員を集め、もはや国際的には「時代遅れ」の方向性を強化し、それを貫徹する「切り札」としてのTPPを「ごり押し」しようとしている。

失うものが最大で得るものが最小の選択肢

TPPは史上最悪の選択肢である。何よりTPP参加によって食料自給率（カロリーベース）が農水省試算のように27％程度になったら、国民の命の正念場である。医療も崩壊し、雇用も減り、損失は過去最大である。しかし、得られる経済利益はアジア中心のどのFTAよりも小さいと内閣府も試算している。内閣府の当初の試算では、日本がTPPに参加しても日本のGDPは0・54％、10年間で2・7兆円しか増えないということだった。日中2国のFTAでもそれより多い（0・66％）し、日中韓FTAだと0・74％、ASEAN（東南アジア諸国連合）＋3（日中韓）ならTPPの倍（1・04％）である（図表4－1）。

TPP参加表明後に発表された新試算では、0・66％、10年間で3・2兆円とわずかに増えたが、それでも、日中2国のFTAとやっと同じであるにすぎない。利益が少ないこ

図表4-1　FTAごとの日本のGDP増加率の比較

	GDP増加率（%）	経済厚生増加額（1000億円）	
TPP	0.66%	除外なし	4.5
		農業・食品を除外	5.7
		自動車を除外	2.1
日中韓FTA	0.74%		7.0
日中韓＋ASEAN	1.04%		8.5
RCEP（ASEAN＋日中韓＋インド、NZ、豪）	1.10%		8.6

資料: 内閣府試算と鈴木研究室グループ試算。注：１ドル＝100円換算。

とは変わりない。しかも、事前に公表して参加是非を判断する材料とすべき試算を表明後に出すとは、国民を愚弄していると言わざるを得ない。

筆者らは、内閣府のモデルを再現し、独自に計算をし直した。その結果、ＴＰＰによる日本の経済的利益は、ＧＤＰの増加のみならず、経済的幸福度（同じ支出で得られる満足度がどれだけ高まったか）の増加から見ても、４５００億円の増加で、日中韓３国のＦＴＡの７０００億円よりも小さく、他のアジア中心のＦＴＡのどれよりも小さいという試算になった。

しかも、自動車が関税撤廃から除外されると日本の利益は大幅に損なわれる（２１００億円の増加に止まる）が、農業・食品加工業を除外としたほうが経済的幸福度は高まる可能性がある（５７００億円の増加）。農業・食品加工業分野を関税撤廃すると、日本の輸入増による国際価

図表4-2　TPPによるGDP0.66%増加の内訳

	GDP増加率（%）	GDP増加額（兆円）
総計	0.662	3.11
関税撤廃	0.059	0.27
生産性向上効果	0.418	1.95
資本蓄積効果	0.189	0.88

資料: 鈴木研究室グループ試算。注：１ドル=100円換算。

格の上昇が大きいため、消費者の利益の増加よりも農家の打撃と関税収入の減少のほうが大きくなってしまうなどの理由で、むしろ関税撤廃しないほうが日本の国益に合致する。

さらに、ＴＰＰの関税撤廃によるＧＤＰ増加の純粋な直接的効果は１年あたり２７００億円にとどまり、ＧＤＰ増加効果の大部分は「生産性向上効果」（１・９５兆円）と「資本蓄積効果」（０・８８兆円）によっている。所得増加が貯蓄と投資を生み、さらなる所得増加につながる効果、競争が促進されて生産性が向上する効果を何らかの形で考慮する試みは否定しないが、「ＧＤＰが１％増加すると貯蓄が１％増加する」という仮定はともかく、「価格が10％下落すると生産性が10％増加する」という仮定の現実性はかなり疑わしい。この仮定によって約2兆円が積み増しされている数字を鵜呑みにはできない。

また、内閣府の試算に用いられたモデル（ＧＴＡＰ《ジータップ》と呼ばれる。

内閣府の試算を行った川崎研一氏はＧＴＡＰモデル分析の日本における

図表4-3　GTAPは農業への影響を過小評価(品目別の生産量減少率%)

	コメ	小麦	ビート・さとうきび	牛肉など	生乳	農林水産業の総生産額の減少
GTAP	-30	-79	-3	-4	-2	-1.2兆円
農水省	-32	-99	-100	-68	-45	-3兆円

資料：鈴木研究室グループ試算。注：1ドル=100円換算。

第一人者で優れた数理経済学者である）では国産品と輸入品にかなりの「差別化」が存在する、つまり、安い輸入品に国産がかなりの程度対抗できることを仮定しているため、特に、国内農業生産の減少が過小に評価される。

例えば、1kg80円程度の生産コストの日本酪農が、1kg15〜20円のオセアニアと競争して生産が2％しか減少しないという試算は受け入れがたい。総生産額の減少でみても農水省の試算値の3分の1程度にすぎないのである（図表4-3）。

そこで、農業などへの影響の過小評価を補正するために、農林水産物の生産量が全体として30％減少するという外生的ショックを組み込むと、生産額の減少は約3・7兆円という試算になる。これは、農水省の試算値3兆円に、その中に十分算入されていない果樹・野菜の損失額を加えた額にほぼ一致するので、妥当な数値だ。

補正された試算結果を見ると、TPPによって生産額が減少する産業は、農林水産業約3・7兆円、食品加工業約1・9兆円など、

図表4-4　農業への影響を補正した場合のTPPの効果（生産額が減少する産業）

	農林水産	食品加工	建設	電気ガス水道	輸送業	その他サービス業	公共サービス	その他製造業
生産量増加率（%）	-30.00	-9.61	-0.98	0.60	0.11	0.01	0.30	0.04
生産額増加率（%）	-35.24	-5.52	-1.48	-0.04	-0.49	-0.55	-0.27	-0.14
生産額増加額（億円）	-36647	-18990	-9500	-75	-2198	-18465	-3144	-403
雇用増加率（%）	-33.44	-9.73	-1.05	0.36	-0.01	-0.15	0.24	-0.07

図表4-5　農業への影響を補正した場合のTPPの効果（生産額が増加する産業）

	自動車等	繊維	化学	金属	電子機器	その他機械
生産量増加率（%）	8.22	6.17	1.60	3.43	2.65	4.41
生産額増加率（%）	7.58	5.42	1.08	2.82	2.05	3.79
生産額増加額（億円）	32276	4076	5896	10032	8832	14502
雇用増加率（%）	8.13	6.12	1.46	3.31	2.53	4.31

図表4-6　農業への影響を補正した場合のＴＰＰの効果（GDP、経済的幸福度）

GDP増加率（%）	-0.105
GDP増加額（億円）	-4880
経済的幸福度増加額（億円）	-9603

図表4-7　総括表　内閣府試算の非現実性の補正と「国益」の減少

	日本のGDP増減
内閣府試算	3.2兆円増加
補正①関税撤廃の直接効果に限定	2,700億円増加
補正②農業損失の過小評価を是正	4,900億円減少
補正③土地・労働が非流動的と仮定	1.3兆円減少

資料：鈴木研究室グループ試算。注：1ドル＝100円換算。生産額は付加価値でなく中間投入を含む。

単純合計では約9兆円の減少である。一方、生産額が増加する産業は、自動車など3・2兆円、金属1兆円、電子機器8900億円などとなっている。単純合計では約7・5兆円の増加である（図表4-4、4-5）。

総合すると、農業などの損失を自動車などの利益でカバーすることはできず、日本のGDPは0・1％、約4900億円減少する。経済的幸福度は約9600億円減少する（図表4-6）。

さらに、農家が自由に自動車産業の仕事に就けるという仮定を外し、土地や労働が産業間でほとんど移動できないと仮定すると、農業などに労働力が滞留するため、価格が下落して生産額の減少は大きくなる。一方、十分に生産拡大ができない自動車などにおいては生産額の増加が小さくなる。総合すると、農業などの損失を自動車などの利益でカバーすることはさらに困難になり、日本のGDPは、0・286％、1・3兆円程度減少する。経済的幸福度は約1・9兆円減少する。

まとめると、総括表（図表4-7）のように整理できる。すなわち、農業などへの影響が過小になる現状のGTAPモデルによっても、TPPの関税撤廃によって直接的には日本のGDPは0・059％、2700億円しか増加しない。そして農業への影響を現実的な数値に補正すると、その損失は自動車などの利益でカバーしきれず、GDPは0・1％、約4900億円程度減少する可能性がある。さらに、農家などが自動車産業などに自由には移動できないとすると、農業、食品、建設、その他サービス業などの損失が拡大し、自動車などの利益は縮小し、GDPは0・286％、1・3兆円程度減少する可能性もある。このように、TPPは日本の国益を損なう可能性が高い。

これに農業の持つ「多面的機能」（国土保全機能、生物多様性保全機能、景観保全機能など）の喪失を加味すれば、損失はさらに拡大する。つまり、もう一つの問題は、この試算には、狭義のゼニカネの問題にとどまり、農業が発揮している「多面的機能」が入っていないということだ。たとえば、TPPで日本中の水田が崩壊すれば洪水が頻発することになるため、ダムを造る必要が生じるが、するとそのために数兆円の建設費用が必要になる。貿易自由化で利益が得られたとしても、このコストを引くと、それだけで損失のほうが大きくなる可能性もある。

さらには、農業分野の今回の試算では、コメの影響額がかなり減額されている。これは、TPPには入らない中国からの輸入を組み込まなかったことが主因とされているが、それだけではない。過小な試算になった一因は、アメリカの現状の供給力とアメリカからの現状の輸入米価格（７０００円強／60kg）を前提にしていることである。アメリカでは、平均的には２０００円程度のコストでコメを生産できるのだから、日本向け品質のコメでも、長期的には、このコストで生産できるようになる可能性がある。

また、ここにはアーカンソー州のジャポニカ米の潜在的な供給余力は考慮されていない。ベトナムのジャポニカ米の潜在的な供給余力も考慮されていない。したがって、今回のコメに関する影響の試算は短期的なものであって、長期的には、もっと大きくなると考えるべきである。今回の試算額の減少は、政府部内で、前回の農水省試算に対する過大だとの批判が圧力となって生じたものと思われる。

つまり、ＴＰＰは、得られる経済的利益は、アジア中心の他のＦＴＡと比べて最も少ないのである。「農業は反対でも製造業は賛成」というような構図でなく、日本の誰から見ても「最悪の選択肢」だということを、改めて示した試算結果といえるだろう。

推進する方々は、「ＴＰＰに入らないとルールづくりに乗り遅れて取り残される」としか言わず、具体的なメリットも、日本の将来構想も示していない。政府がいう「日中韓もＲＣＥＰ《アールセップ》（東アジア地域包括的経済連携、ＡＳＥＡＮと日中韓、インド、オーストラリア、ニュージーランド）もＴＰＰも同時に進めればよい」というのも論理破綻している。ひとたび、すべてを撤廃するTPPに乗れば、他の協定での交渉カードがなくなってしまう。世界の均衡ある発展につながる経済連携を日本もリードして進め、TPPを排除すべきである。あとでアメリカが柔軟で互恵的な経済連携に入りたいと言うなら、それは拒む必要はない。

TPP交渉参加をめぐる欺瞞を振り返る

「TPP断固反対、ブレない、ウソつかない」と訴えて、政権を取った人たちが、TPPに突き進んだ。これは、TPPに賛成か反対か以前の問題として、国民に対する重大な背信行為である。「いや、背信ではない。〝聖域なき関税撤廃ではない〟と確認できたから参加できるのだ」と言い訳するが、これも真っ赤なウソだ。

2013年2月の日米共同声明でも、すべての関税を撤廃対象とするという「TPPのアウトライン」を両国で確認している。だから、アメリカでは、政府が即座に「日本がすべての農産物関税を撤廃するから喜んでくれ」と説明した。そして、アメリカの国会議員も業界関係者も日本は当然そうするだろうと認識している。それを日本政府も知っていながら、日本国内向けには、「聖域が守れる」とウソをついた。完全な二枚舌だ。

しかも、先述の通り、日米のTPP事前協議の合意によって、自動車、保険、牛肉などの「その他の非関税障壁」についての①「入場料」にとどまらず、アメリカ議会の90日の承認手続の間に、②さらに追加的な譲歩がないと日本の参加を認めないと脅され、さらには、③日本の交渉参加後も、TPP本体の条文の交渉とは別に、並行してTPP交渉の終了時までに残る支払い不足分についてアメリカの要求に応じることを約束させられた。「TPPの条文上で国民健康保険などを取り扱わないとアメリカが言っているから大丈夫だというのは間違いで、TPPの交渉過程での取引条件などとして、過去の積み残しの規制緩和要求を貫徹させようとするのがアメリカの狙いだ」と指摘してきたが、まさに、それを明文化して確約させられた。

アメリカの自動車関税撤廃については韓国以上の長期間の猶予期間を認めさせられて、韓米FTA以上にアメリカ側に有利なものになった。そもそも日本が韓国に遅れをとっているため、韓米FTAに対抗してTPPで韓国との競争条件を回復するというのがTPP参加の名目だったが、それさえも崩れ、一方で、農産物関税の聖域が守られるかどうかについては何の約束も得られていない。

「これからの交渉で勝ち取れる」というのもウソである。アメリカがメキシコやカナダの参加を認めたときも、屈辱的な「念書」が交わされ、「すでに合意されたTPPの内容については変更を求めることはできないし、今後、決められる協定の内容についても、現9ヶ国が合意すれば、口は挟ませない」ことを約束させられている。日本政府はそのようなものには合意していないとウソをついたが、3月のシンガポールでのTPP交渉会合でも、「カナダとメキシコと同じ参加条件を日本にも認めさせた。時間的にも、アメリカの承認に3ヶ月かかるから、9月から日本が参加しても、10月に大筋合意なら、日本が交渉に実質的に口を挟める余地はほとんどなく、できた協定にサインするだけだ」とアメリカの担当者は説明している（アジア太平洋資料センター事務局長・内田聖子氏らの情報）。

日本が実質的に交渉に関与できる権利も時間も制約されている中で、日本はほとんど何も得られないままTPPの条文を受け入れ、並行協議でもアメリカに身ぐるみ剝がされるという一方的な屈辱外交が白日の下にさらされた。

TPP阻止を政権公約とした人々がTPPに邁進する一部の官僚と官邸になすすべもなく、TPP参加を容認し、関税撤廃の聖域も、その他の守るべき国益もすでに破綻しているのに、「聖域は守る、国益は守る、国民との約束を守らなかったらどうなるかはよくわかっている」、「聖域が守られないなら席を立って帰る覚悟であるし、最終的に署名しなけれぱよい」と強弁している。

卑劣な情報隠蔽工作

この間、推進派の官僚たちによって徹底した情報操作が行われた。大震災の直後、内閣官房のある人から、「大変なことになりそうだ、ＴＰＰは、これで情報も出さず、国民的議論もせずに、ハワイで11月に滑り込めればいいのだから、直前の10月頃に急浮上させて強行突破すればいいんだと言っている人が内閣官房の半数以上だ。何とかしてほしい」と打ちあけられた。早くから、こうした路線は敷かれていたのである。

その中で、議論してよい分野は一つだけ指示された。食料・農業問題である。農業問題については、特に農業関係者が不安を表明しているから、それを逆手にとって、農業が悪いんだ、農業を改革すればＴＰＰに入れるんだという議論に矮小化しようとする報道が展開された。

「入場料」の裏交渉では、自動車については日本はもともとゼロ関税なのに、「アメリカ車に最低輸入義務台数を設定せよ」と「言いがかり」の要求を突きつけられた。さらにこれを国民に知らせれば、日本国民も猛反発するに違いないというので、所轄官庁が極秘に譲歩条件を提示してきた。良識ある官僚は、「そんなことを国民に隠して、あとで日本が大変な事態になったら、あなたはどう責任を取るのか」と迫ったが、逆に、「はき違えるな、我々の仕事は、国民を騒がせないことだ」と言い返されたという。アメリカが「入場料」を払ったと認めたときが、実質的な日本の「参加承認」である。2012年11月の東アジアサミットで、日本の「決意表明」が結局見送られたのは、まだアメリカが「入場料」が足りないと言ったからで、国民の懸念の反映ではなかった。

BSEに伴うアメリカ産牛肉の輸入制限は、2011年10月の緩和検討の表明から「結論ありき」で着々と食品安全委員会が承認する「茶番劇」であるということは既に述べた通りだ。アメリカへのお土産として表明したのは明らかなのに、「科学的根拠に基づく手続きでTPPとは無関係」と平気で言い続けた。

自動車問題についても、アメリカ側のニュース経由で「水面下で何か交渉が進んでいるようだ」との情報が洩れてきたので、国会議員たちも怒って議員会館に集まり、官僚たちに交渉の内実を詳《つまび》らかにするように迫った。しかし、官僚たちは「説明できることは何もない」の一点張りであった。しかも、テレビカメラはこの様の一部始終を撮っていたが、地上波での放送はまったくなかった。TPP交渉の「おかしな」内実がバレてしまうからである。

韓米FTAについても、アメリカは日本に対して「TPPの内容を知りたいなら、韓米FTAを強化するのがTPPだから、その内容を見てくれ」と2年も前に示唆していたが、日本政府は慌てて「韓米FTAを国民に知らせるな」と箝口令《かんこうれい》を敷いた。TPP参加を既成事実化し、タイミングだけの問題としようとしてきた卑劣な手法は許し難い。

「例外」はほとんどあり得ない

安倍総理はオバマ大統領との日米共同声明において、「関税並びに物品・サービスの貿易及び投資に対するその他の障壁を撤廃する」とした「TPPのアウトライン」に基づいて「全品目を交渉対象として高い水準の協定をめざす」ことを確認している。つまり、「関税撤廃に例外はない」方針を確認しているのである。それを確認した上で、「交渉に入る前に全品目の関税撤廃の確約を一方的に求めるものではない」と形式的に当たり前のことを述べているだけである。

だからこそ、この共同声明に基づき、アメリカ政府は、農業界に対して、「日本はすべての農産物関税を撤廃するというアメリカの目的を理解した」と説明し、業界が歓迎した

図表4-8　我が国が既存のFTAにおいて関税撤廃したことのない品目＝聖域

品目名※1	タリフライン数
牛肉	51
小麦・大麦	109
コメ	58
こんにゃく	3
雑豆	16
砂糖	81
でん粉	50
乳製品	188
豚肉	49
水産品	91
合板	34
その他農林水産品	104
農林水産品計※2	834
全品目計※3	9,018

※1：農産品については、五十音順。各品目には、加工品・調製品を含む。
※2：繭・生糸、鶏肉、食肉調製品、パイナップル・トマト等調製品、植物性油脂等を含む。
※3：鉱工業品を含む9桁ベース（HS2007）のタリフライン（品目）数。
資料：農林水産省。

のが現実で、日米での解釈が真っ向から食い違う事態になった。

そもそも、いままでにない例外なき関税撤廃、規制緩和の徹底をめざすTPPでは、「すべての関税は撤廃するが、7～10年程度の猶予期間は認める」との方針が合意されている。2006年に発足したTPPの前身であるP4協定においても、完全な例外品目は品目数で全体の1％に満たないというのが実態である。

そういう中では、コメだけでも関税ゼロの対象から外してもらうということが不可能に近いのは明らかで、ましてや、コメ、乳製品、小麦、牛肉・豚肉、砂糖など、いままで日本が「聖域」として関税撤廃の除外品目としてきた農林水産品すべて（関税分類上は834品目、全品目の10％近く〔図表4-8〕）を除外することは誰の目から見ても不可能である。

ちなみに「例外」とは関税撤廃をしないことであり、撤廃までの猶予期間を設けるのは「例外」ではないことにも留意が必要である。例えば、「コメに10年間の猶予期間が取れたから聖域は守れた」というような「ごまかし」は通用しない。土地条件の圧倒的な差を勘案すれば、1俵（60kg）1万4000円の日本のコメ生産費が10年でアメリカの2000円程度に下げられるわけがない。

アメリカの自動車関税の撤廃について日本は長い猶予期間を認めると約束したが、これもあくまで猶予期間である。だから、アメリカは日本に対して、「アメリカは自動車の関税も撤廃するのだから、日本の農産物もあくまで撤廃である」と念押ししている。

韓米FTAの箝口令

先述のとおり、韓米FTAについても、アメリカは日本に対して「TPPの内容を知りたいなら、韓米FTAを強化するのがTPPだから、その内容を見てくれ」と2年も前に示唆していたが、日本政府は慌てて「韓米FTAを国民に知らせるな」と箝口令を敷いた。

実は韓国政府も韓国国民に韓米FTAの内容を隠し続けて、批准の直前になって説明せざるを得なくなったという経緯がある。いざ言う段になると、韓国中が騒然となり、もう1日置いたら10万人、20万人のデモになってしまうということがわかったので、その前日に、国会に催涙弾を投げ込まれても与党単独で強行採決に踏み切った。

当然ながら、韓米FTAには、いまTPPで問題になっている事項が全て入っている。
①直接投資は徹底した自由化で、例外（「ネガティブ・リスト」という）を少しだけ認める、②サービス分野の人の移動、エンジニア・建築士・獣医師などの資格の相互承認を進める協議会を作る、③日本郵政にあたる韓国ポストや様々な共済事業などの金融・保険は競争条件を無差別にし、公的介入や優遇措置と思われるものはやめる、④公共事業の入札金額引き下げ、⑤ISD条項、⑥韓国側がジェネリック医薬品を作る際の医薬品メーカーへの申告義務（申告を受けたアメリカ医薬品メーカーが利益侵害と認定すれば、即刻提訴できる。訴訟の間、韓国側はジェネリックを使用できず、高額なアメリカ医薬品を使用しなければならない）などである。
しかも韓米FTAを交渉開始させるための「入場料」として韓国が払ったのが、①アメ

リカが安全性を認めた遺伝子組換え食品は自動的に韓国でも受け入れる、②国民健康保険が適用されないアメリカの営利病院の参入を認める医療特区をいくつも作る、③輸入牛肉条件を緩和する、などである。

韓国は日本に「入場料を払ったら抜けられなくなる」と警告してくれたのに、日本政府は国民に知らせずに「入場料」を払ってTPPに入れてもらおうと必死に画策を続け、この裏交渉が日米共同声明と日米の事前協議の合意で「公然の秘密」となった。さらに、一方的な譲歩が判明したが、「入場料」だけでは済ませないと約束させられたため、最終的にどこまで譲歩して、国民の命や生活を守る制度をアメリカ企業の利益のために売り渡してしまうのか。

TPP参加で「強い農業」は実現されない〜農業輸出産業論の幻想

「TPPで過保護な日本農業を競争にさらして強くし、輸出産業に」という見解をよく耳にするが、先述の通り、これもやはり間違っている。まず、日本農業は過保護ではないという事実だ。逆に、今では諸外国のほうがよほど過保護になっている。

さらに、日本の農業が規模として世界ではまったく闘えないという事実がある。西オーストラリアの農業は目の前1区画が100haあって、全部で5800haを1戸で経営していても地域の平均よりも、ちょっと大きいだけだという。日本で一番強い農業だといわれる北海道は輪作で畑作をやっているが、せいぜい1戸40haくらいの規模だから、ゼロ関税で闘ったらひとひねりで負けてしまう。こういうことを無視してゼロ関税で闘って強くなって輸出産業になれと言われても、根本的な土地条件の差については超えられない部分があるのは当たり前のことである。

日本には、新大陸と呼ばれるアメリカ、オーストラリア、ニュージーランドとは、まったく異質の歴史、伝統、文化、地域コミュニティがある。そこに、効率の名の下に、土地を集約して少数で大規模にやればよいという方向を目指せば、多くの人々は住めなくなってしまうだろう。極端だが、かりに、日本の土地面積をもってして現在のオーストラリアの人口密度になったとしたら、日本の人口は約110万人で終わりになってしまう。あるいは、アメリカの人口密度なら、約1200万人しか住めない。いずれにしても、そこは日本の伝統、文化、地域コミュニティが完全に崩壊した社会であり、人々の暮らしが奪われる。多数の人々が幸せに暮らせることなくして、本当の意味での効率を追求したことにはならない。

地域社会の崩壊、国土・領土問題

「農業は鎖国してきたのだから、もっと開放しなければいけない」というのも間違いである。食料自給率（カロリーベース）は39％であり、国民の体のエネルギー必要総量の61％は海外に依存しているのだから、原産国ルールで言えば、日本人の体はもう国産とは言えないのが現実なのだ。「こんな体に誰がしたんだ」というくらいの開放度である。

そんな中で、コメや乳製品といった1割程度の残された高関税品目までをもゼロ関税にしたら、日本の農地は荒れ果ててしまう。まず水田でコメを作れなくなる。日本の田園風景は一変する。ならば野菜を作れば大丈夫だと言うが、みんなが野菜を作ったら、野菜はわずかな出荷量の増加で価格が大幅に下落するから、何を作っていいかわからない状況が広がって農家がどんどんつぶれていく。

日本の地域は一次産業がその地にあることによって成り立っている場合がほとんどであるため、そのベースを失ったら関連産業も消え、観光業もだめになり、商店街もなくなって、地域が衰退していく現象が全国に広がってしまうだろう。それから、一次産業が国土・領土を守っていることも忘れてはならない。例えばコメ、小麦、酪農、食肉、ビート、じゃがいもなどがゼロ関税になったら、北海道では作るものがなくなる。北海道はまさに農業があって産業が成り立っているのだから、北海道に人が住めなくなるという事態に陥る。沖縄もそうだ。砂糖がゼロ関税になると、沖縄の島々でサトウキビが作れなくなり、尖閣諸島のように無人化する島がたくさん出てくるだろう。

同じようなことは、すでに山で起きている。昭和30年代以降、木材がゼロ関税になったが、林業は輸出産業になっただろうか。残念ながら今では山は二束三文になり、木材の自給率も95%から18%まで下がってしまった。その二束三文の山を外国の人が高く買ってくれるというので、気がついたらどんどん外国人の所有になっているのが、日本の山の現状だ（民主党の篠原孝議員が問題提起）。一次産業が国土、領土を守っているということについての教訓はすでにあるのである。

ごくわずかな人が生き残ればそれでいいのか

安倍首相の「10年で農業所得倍増」計画にも驚くしかない。２０１３年5月17日、安倍首相が東京都内で講演し、農業分野などの成長戦略について「攻めの農林水産業」を柱に、〝正式に「農業・農村の所得倍増計画」を掲げる〟と宣言した。ＴＰＰを受け入れて所得倍増とはどういうことか。輸出を倍増すれば所得倍増を実現できると言うが、輸出をもてはやしてみても、輸出で経営が成り立っている農家はいないという現実に目を向けなければならない。せいぜい売り上げの数%に過ぎないのである。だから、かりに輸出が2倍になったとしても、所得が倍になるわけがないのだ。

そもそも、農業のみならず、日本経済全体で見ても、日本は貿易立国だからTPPで輸出を伸ばさないといけないといわれる。だが、かりにTPPで輸出が伸びたとしても輸出のGDPシェアは十数%にとどまる。日本が「貿易立国」というのは実は言葉のアヤで、日本は世界に冠たる「内需国」なのである。

また、しばしば、オランダ型農業をモデルにすればよいともてはやす傾向があるが、かりに一部の植物工場的な企業がわずかに繁栄し、99%の農家が潰れても、1%の残った人の所得が倍になったら、それが所得倍増の達成だというのだろうか。そこは、伝統も、文化も、コミュニティもなくなった荒野だ。それが日本の、地域社会の繁栄なのか。まさに「今だけ、金だけ、自分だけ」ではないか。

また、園芸作物などに特化して儲ければよいというオランダ型農業の欠点は、園芸作物だけでは、不測の事態に国民にカロリーを供給できない点である。ナショナル・セキュリティの基本は穀物なので、穀物自給率を保つことが重要なのである。オランダはEUの中で不足分を調達できるから、このような形態が可能だという見方もある。しかし、実は、EU各国は、EUがあっても不安なので、自国での食料自給に力を入れている。むしろ、オランダは例外で、これはモデルにならない。

さらには、植物工場がもてはやされているが、日本では、投資の大きい植物工場は、赤字で倒産しているものが多い。砂漠や南極大陸とは違い、日本には、それなりに土と水と太陽がある。地域の土と水と太陽で育った旬の食べ物を食べるのが一番健康によい。免疫学者の藤田紘一郎氏が、植物の持つ抗酸化物質「フィトケミカル」は太陽光をしっかり浴びた露地野菜に豊富だと指摘しているとおりだ。

極論でない現実的な選択肢

元気で持続的な農業発展のためには、禁止的な高関税でも、徹底したゼロ関税でもなく、その中間の適度な関税と適度な国内対策との実現可能な最適の組合せを選択し、高品質な農産物を少しでも安く売っていく努力を促進することである。

コメでいえば、関税は現在の778%も必要ないが、かといって0%では経営がもたな

図表4-9　コメに関する関税と直接支払いの関係

関税	直接支払額
%	億円
0	16,500
100	12,000
150	9,750
200	7,500
250	5,250
300	3,000

注：国内基準価格＝14,000円/60kg、輸入価格＝3,000円/60kg。

い。国内での直接支払いで差額を補塡しようとしても、金額が大きすぎて財源が持たないだろう。

一方で、関税撤廃ではなく、例えば２５０％の関税を残すことができれば、国内の直接支払いも５０００億円ですむ（図表４－９）。こうした柔軟な選択肢が議論できるならよいが、０％しかないＴＰＰにはあくまで「ノー」と言わざるを得ない。関税撤廃までに10年間の猶予期間がとれたとしても10年後にゼロ関税になることに変わりないのだから、ごまかされてはならない。

第5章　アメリカの攻撃的食戦略——日本農業に対する誤解

「日本の農業は過保護」のウソ

「過保護に守られてきた日本農業を徹底した貿易自由化で競争にさらせば強くなる」というのは間違いで、日本に必要なのは欧米のような確固たる食料戦略であることはすでに指摘した。では、その欧米の食料戦略の凄さはどこにあるのか。もう少し詳細に見ておこう。

国際穀物需給が逼迫し、輸入食品の安全性をめぐる問題も大きくクローズアップされる今、日本の食料自給率の低さに関心と不安が高まり、国内生産を振興することの重要性が再認識されつつあるといわれる。しかし、飼料・燃料・肥料価格の高騰にもかかわらず、生産物の販売価格は上がらず、廃業の危機に直面する農業経営者が続出しているのが現実だ。

そこで、「農業への予算の重点的な拡充が必要だ」というと、すぐに、「すでに過保護な日本の農業に支援の拡充は必要ない」との声が大きくなる。しかし、我が国の農業に「過保護」という言葉は当てはまらない。各国の食料生産に対する戦略的な取組みから学ぶべき点も多い。

逆になぜ、我が国の食料自給率（カロリーベース）が39％にまで落ち込んでいるのかを考えると、日本の食料市場の閉鎖性を指摘する見解や、農業過保護論の誤りもが浮き彫り

図表5-1　各国の農業保護比較

		単位	日本	韓国	フランス	ドイツ	イギリス	アメリカ
名目GDP(2009年)	A	億ドル	50,689	8,325	26,494	33,300	21,745	140,439
農林水産業総生産額(2009年)	B	億ドル	712	195	417	240	141	1,534
対GDP比	B/A	%	1.4	2.3	1.6	0.7	0.6	1.1
農業予算額	C	億ドル	198	129	175	178	110	849
生産額に占める予算額の割合	C/B	%	27.8	66.2	42.0	74.2	78.0	55.3

出所：篠原孝議員の作成した資料を一部加工した。

となる。日本の食料自給率は先進国で最低まで落ち込んでいるのだ。もし関税が高ければ、輸入食料がこんなにあふれているはずはないし、関税が低くても農業保護が充実していれば、国内生産は増えるはずである。しかし、そうなっていないということは、日本の食料品への関税も農業保護も、十分高いとは言えないことに他ならない。

世界の農業のほうが「過保護」の現実

今では諸外国の農業のほうが、日本よりよほど「過保護」であることを示すデータがある。まず、各国のGDPに占める農林水産業のシェアは日本で1・2%、欧米各国は、これと同じくらいか、1%を下回るほどの低さである。にもかかわらず、農業生産額に占める農業予算額は、我が国が3割を切っているのに対して、欧米では、やや低いフランスでも4割強で、イギリスでは約8割、アメリカは約6割と、我が国よりもはるかに大きい（図表5-1）。

TPP参加問題で、「1・5%の一次産業のGDPを守るために98・5%を犠牲にするのか」、つまり農業保護のために他の産業の競争力を高める機会をみすみす逃すのかという趣旨の発言をした議員もいたが、欧米各国のGDPシェアはもっと少ないにもかかわらず、もっと大きな農業予算を確保している。一次産業は、直接には生産額はそれほど大きくなくとも、食料が身近に確保できることは何ものにも勝る保険であり、地域の関連産業を生み出すベースになって、加工業、輸送業、観光業、商店街、そして地域コミュニティを作り上げている。これをかりに金額換算したらGDPに占めるシェアは非常に大きくなる。このことを欧米のほうがよく理解しているのではないだろうか。

「1・5%の一次産業のGDPを守るために98・5%を犠牲にするのか」ではなく、それを言うならば、「1%の企業利益のために99%の国民を犠牲にするのか」がTPPの真実である。

また、農業経営に関する統計に基づいて、農業所得に占める政府からの直接支払い（財政負担）の割合を比較すると、日本は平均15・6%ほどしかないが、フランス、イギリス、スイスなどの欧州諸国では90%以上に達している。アメリカの穀物農家でも、年によって変動するが、平均的には50％前後で、日本とは大きな開きがある（図表５-２）。

これに対する反論として、日本の直接支払いが少ないのは、いまだ政府による価格支持に依存した遅れた農業保護国だからだ、という見解が寄せられる。しかし、これも誤りだ。

図表5-2　農業所得に占める政府からの直接支払いの割合(%)

国名	割合
日本	15.6
アメリカ	26.4
小麦	62.4
トウモロコシ	44.1
大豆	47.9
コメ	58.2
フランス	90.2
イギリス	95.2
スイス	94.5

資料：『エコノミスト』2008年７月22日号等。

日本は価格支持に依存していない

①関税＝国境における価格支持

食料自給率（カロリーベース）が39％であるということ、つまり、我々の体のエネルギーの61％もが海外の食料に依存していることが我が国の農産物市場が閉鎖的だという指摘が間違いである何よりの証拠である。

ＯＥＣＤ（経済協力開発機構）のデータに基づけば、我が国の農産物の平均関税は11・7％で、ほとんどの主要輸出国よりも低い（図表５-３）。野菜の関税３％に象徴されるように、約９割の品目は、低関税で世界との産地間競争の中にある。

図表5-3　主要国の農産物平均関税率

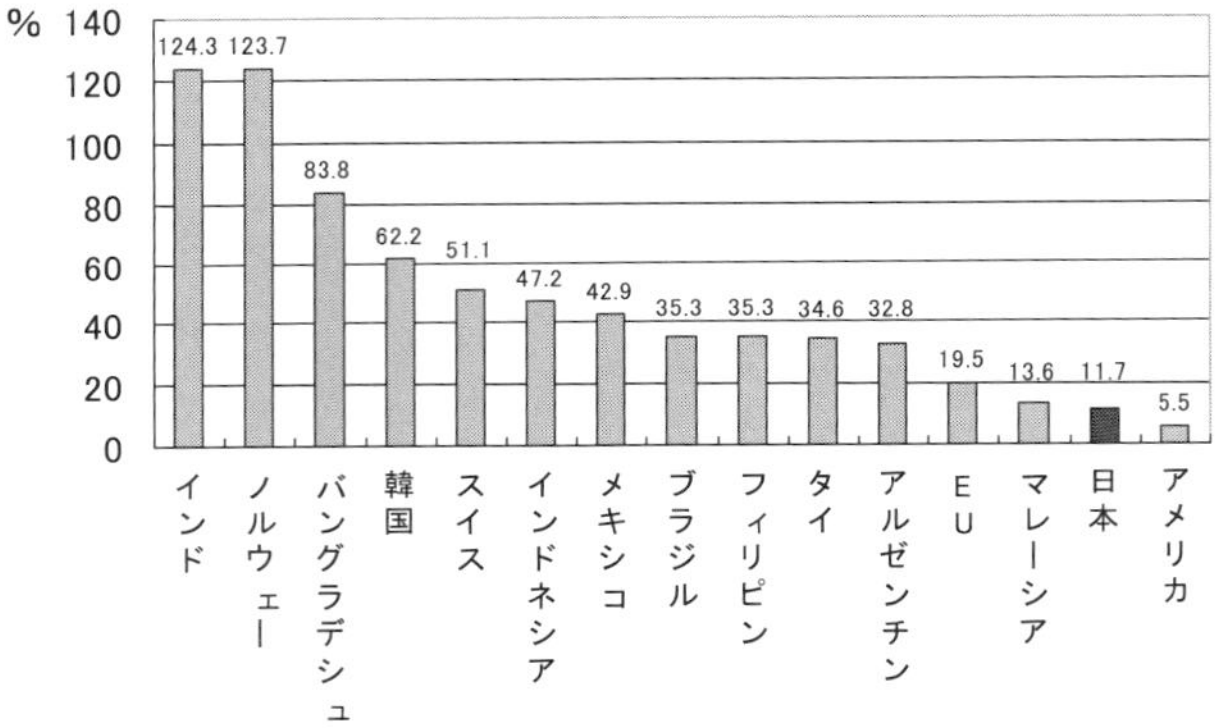

出所: OECD「Post-Uruguay Round Tariff Regimes」(1999)
注：WTOのドーハ・ラウンドが頓挫しているため、WTO協定上は1994年に妥結したウルグアイ・ラウンドで合意された関税率が現在まで適用されている。

わずかに残された高関税のコメや乳製品などの農産物（品目数で1割）は、日本国民にとっての一番の基幹食料であり、土地条件に大きく依存する作目であるため、土地に乏しい我が国が、外国と同じ土俵で競争することが困難である。それが、関税を必要としている大きな理由なのである。

これとは別に、WTOなどで出している統計では、日本の農産物関税率は、単純平均で21％、加重平均で12・5％と、OECDの数値よりもやや高くなっているものもある（図表5-4）。ただ、それで見ても、日本の農産物関税が、世界的にみて、相対的に高いわけではないことは確認できる。

また、無税品目の割合はアメリカよりも大きい。9割の品目が非常に低い関税になっている一方、これだけは譲れない1割の品目を高関税で残しているという我が国の農産物関税の構造上の特徴が確認できる（平均関税の数値は、単純平均にするのか、加重平均にするのか、高関税のため輸入実績がないものをどう取り扱うかなど、計算方法で変化することに留意が必要である。加重平均にする場合にも、高関税のものほど輸入が少なくなるので、ウェイト付けの仕方は難しい）。

②国内の価格支持政策

国内保護政策についても、コメや酪農の政府支持価格を世界に先んじて廃止した。我が国の国内保護額（6400億円）は、今や絶対額で見てもEU（4兆円）やアメリカ（1・8兆円）よりはるかに小さく、農業生産額に占める割合で見てもアメリカ（7％）と同水準である。しかも、アメリカはWTOルールを都合よく解釈し、農業保護度を低く見せるよう画策したりしている。日本のコメに匹敵する酪農はアメリカの保護額の7割を占めているものの、実際にはその4割しかWTOに申告しておらず、実はもっと多額の保護を温

図表5-4　TPP関連諸国およびその他主要国の農産物関税率

（単位：％）

	2009年最恵国向け実効税率			2008年加重平均関税率
	無税	100%超	単純平均税率	
シンガポール	99.8	0.0	0.2	1.4
ブルネイ（2008年）	98.4	0.0	0.1	n.a.
ニュージーランド	71.0	0.0	1.4	2.1
チリ	0.0	0.0	6.0	6.1
アメリカ	30.5	0.3	4.7	4.1
オーストラリア	74.9	0.0	1.3	2.9
ベトナム	13.5	0.5	18.9	9.9
マレーシア	74.6	2.6	13.5	16.7
ペルー	35.2	0.0	6.2	5.4
日本	35.1	4.5	21.0	12.5
インド	5.6	2.4	31.8	13.7
タイ	5.4	0.2	22.6	12.5
韓国	6.2	8.3	48.6	119.8
中国	5.9	0.0	15.6	10.3
ブラジル	6.3	0.0	10.2	10.6
カナダ	57.3	2.9	10.7	11.4
EU	29.8	1.1	13.5	9.8
ロシア	6.0	0.4	13.2	17.6
ノルウェー	45.7	14.1	43.2	36.2
スイス	28.4	9.8	36.9	37.3

資料：WTO,UNCTAD,and ITC,World Tariff Profiles 2010.に基づいて磯田宏九大准教授が作成した表から抜粋した。
注：単純平均税率とは関税率別品目の単純平均であり、加重平均関税率は各品目の関税率と輸入額を乗じて算出した。

存している。

③日本の食料は高くない＝品質差が理解されていない

我が国は、国境での価格支持にあたる関税も平均的には低く、政府の介入によって農産物価格を一定水準に維持する価格支持政策も、WTO協定で「削減していくべき」政策とされたのを受けて、日本のみが「速やかに廃止する」政策とみなして率先して廃止した。しかし、欧米諸国はみな、価格支持政策を温存したのである。

しばしば、欧米は価格支持から直接支払いに転換した（「価格支持→直接支払い」）と表現されるが、実際には、「価格支持＋直接支払い」の方が正確だ。つまり、価格支持政策と直接支払いとの併用によってそれぞれの利点を活用し、価格支持の水準を引き下げた分を、直接支払いに置き換えているのである。我が国は、まず、価格支持を廃止して、しかし、直接支払いは模索段階という感があり、諸外国に比べて、不安定な市場になっている。

にもかかわらず、日本がまだ保護が手厚いとの批判を受けているのは、各国の農業保護を示す国際指標としてOECDが毎年公表しているPSE（生産者保護推定額）が一つの原因である。その数値によれば、我が国の農業には5兆円もの保護があり、しかも、その

90％が価格支持に依存するとされているのだ。

この原因は、ＰＳＥが輸送費と関税で説明できない内外価格差（我が国は突出してこの部分が多い）を、すべて関税以外の手段で貿易を制限する「非関税障壁」として、保護額に算入しているからである。つまり、どんなに品質に差があっても、国内産が外国産よりも高ければ、その差額分だけ「保護」されていると考えられる。「品質差（消費者の国産に対する評価）を考慮すれば、我が国の食料は高くない」ことは、日本の人々も、忘れているとしか思えない。

例えば、スーパーで国産のネギ１束が１５８円、外国産が１００円で並べて販売されているとする。このとき、消費者が58円高いにもかかわらず国産のネギを買ったとすると、少なくとも、国産ネギと外国産ネギへの消費者の評価の差だと推定できる。つまり、この58円分が国産ネギの「国産プレミアム」である。これは品質向上努力の結果であり、保護の結果ではないということは、多くの人に納得していただけるのではないだろうか。しかし、国際的には、この58円が「非関税障壁」として保護額に算入されてしまうのである。

また、欧米に滞在した日本女性は、最初、大きなスーパーで青果物が安いと喜ぶが、近所にオーガニックなどを中心に鮮度が高く高品質で日持ちのするものばかりを売っている店があると、値段はむしろ日本よりも高いくらいなのに、そこでしか買わなくなるというような傾向がある。これが日本人なのである。

ブランド力とは、品質と密接な関係があるが、必ずしも実際の品質と整合するわけではなく、むしろ品質に対する消費者の信頼感によって発生する。ブランド力から生じる価格差はもし関税や非関税障壁がなくなっても、ある程度残ると考えられる。

こうした「国産プレミアム」は、関税の高いコメと乳製品を除いた品目で試算すると、PSE総額の40%にも及んでおり、価格支持で説明されるのは、実質は50%台に減る。これは、EUと同程度の水準で、日本が遅れた農業保護国と誤解される謎が解ける。しかし、このPSE指標が国内外で日本農業の過保護指標として多用されてしまっているのが現実である。

アメリカの「攻撃的」食戦略

①アメリカがコメ輸出大国であるのはなぜか

アメリカをはじめとする輸出国は食の競争力があるから食の輸出国になっているのではなく、国をあげての食料戦略と手厚い農業保護のおかげである。例えば、それが端的にわかるのがコメである。アメリカのコメ生産費は、労賃の安いタイやベトナムよりもかなり高くなっている。だから、競争力からすれば、アメリカはコメの輸入国になるはずであるのに、現実にはコメ生産の半分以上を輸出している。なぜ、このようなことが可能なのか。アメリカのコメの価格形成システムを、日本のコメ価格水準を使って説明しよう（図表5-5）。

アメリカでは、農家の再生産を確保する価格水準を実現するために、まず、ローンレート（農産物を担保とする融資単価）に基づいて農家が政府に穀物を質入れし、質流しを可能とする仕組みを導入して販売価格を維持しようとした。このローンレート制度とはつまり、市場価格がローンレートを上回ると、生産者はコメを返してもらって市場で販売することができ、市場価格がローンレートを下回ったままの時には、そのまま政府（商品金融公社、CCC）に引き渡して清算することで、農家が支えられるというものである。

しかし輸出販売を促進するには、より安い価格で販売することが必要だと判断し、安い販売価格と農家に必要な価格水準（目標価格）との差額を不足払いする制度を追加した。さらには、ローンレートより安く販売した場合の返済免除（マーケティング・ローン）の仕組みや、常に一定額の補助金として上乗せして支払われる固定支払いも追加した。

例えば、コメ1俵当たりのローンレート1万2000円、固定支払い2000円、目標価格1万8000円とする。生産者が政府（CCC）にコメ1俵を質入れして1万2000円借り入れ、国際価格水準4000円で販売すれば、その4000円だけを返済すればよい。

1万2000円借りて、4000円で売って、4000円だけ返せばよいので、8000円の借金は棒引きされて、結局、1万2000円が農家に入るようになっている。これに加えて、常に上乗せされる固定支払いとして2000円が支払われる。

これで1万4000円だが、目標価格1万8000円にはまだ4000円届かないので、その4000円も「不足払い」として政府から支給される。このローンレート制度を使わない場合でも、1俵4000円で市場で販売すれば、ローンレートとの差額8000円が政府から支給される。つまり、生産費を保証する目標価格と、輸出可能な価格水準との差（ここでは1万4000円）が、3段階の手段で全額補塡される仕組みなのである。

安く売っても増産していけるだけの所得補塡があるし、いくら増産しても、海外に向けて安く販売していく「はけ口」が確保されている。まさに、「攻撃的な保護」（荏《え》開津《がいつ》典生《ふみお》『農政の論理をただす』農林統計協会、1987年）である。

図表5-5　アメリカの穀物等の実質的輸出補助金（日本のコメ価格で例示）

―――――――――― 目標価格　1.8万円/60kg

↑
不足払い　4,000円（counter-cyclical支払い）
↓

――――――――――

↑
固定支払い　2,000円
↓

―――――――――― 融資単価（ローンレート）1.2万円

↑
返済免除　または　融資不足払い　8,000円（マーケティング・ローン）
↓

―――――――――― 国際価格4,000円で輸出または国内販売

資料：鈴木宣弘・高武孝充作成。

図表5-6　様々な輸出補助金の形態と輸出補助金相当額（ESE）

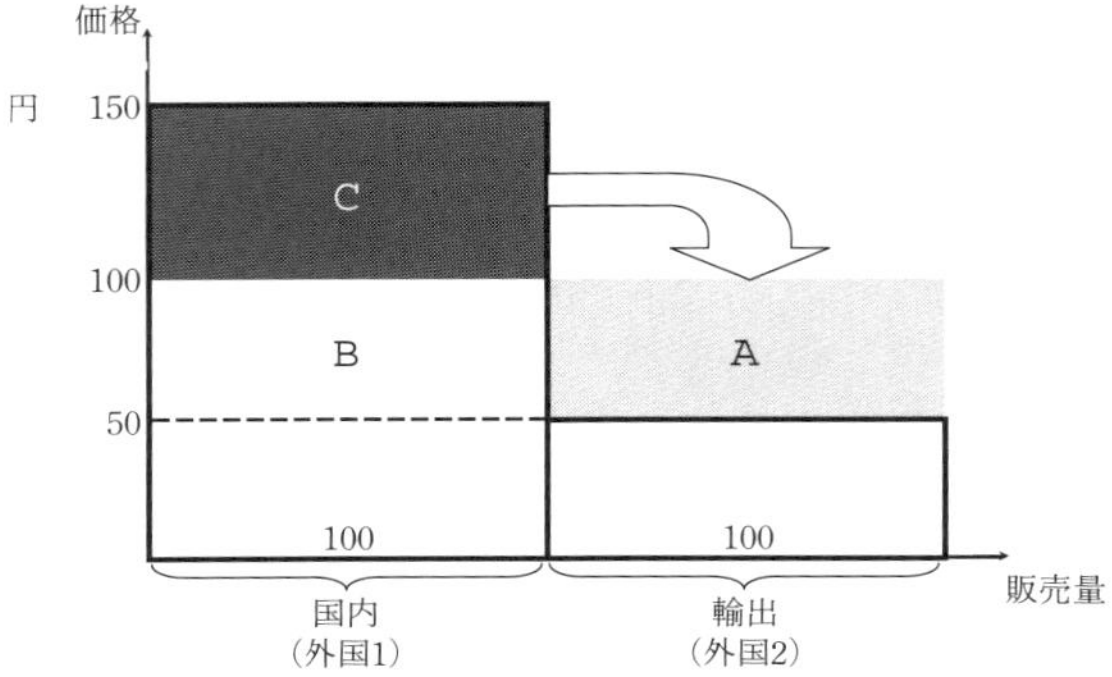

A　　＝撤廃対象の「通常の」輸出補助金（政府＝納税者負担）
A＋B＝アメリカの穀物、大豆、綿花（全販売への直接支払い）
B＋C＝EUの砂糖（国内販売のみへの直接支払い）
C　　＝カナダの乳製品、オーストラリアの小麦、ニュージーランドの乳製品等（国内販売または一部輸出の価格つり上げ、消費者負担）
いずれも輸出補助金相当額（ESE）＝5,000。

資料：鈴木宣弘作成。

この仕組みは、コメだけでなく、小麦、トウモロコシ、大豆、綿花などにも使われている。これが、アメリカの食料戦略なのである。

②輸出補助金全廃のウソ

このアメリカの穀物などへの不足払い制度は、輸出向けの分については、明らかに実質的な輸出補助金と考えられるのである。輸出補助についてはＷＴＯルールで撤廃するよう命令しなければならないはずだが、実際には「お咎めなし」で放置されている。

実は、世界の農産物輸出は「隠れた」輸出補助金に満ち満ちており、ＷＴＯにおいて２０１３年までにすべての輸出補助金を廃止することが決定されたというのは本当ではない。２０１３年までに全廃される予定の輸出補助金は「氷山の一角」というべきである。

２０１３年までに全廃すると約束した輸出補助金は、図表5-6でみると、Ａの薄い色の四角形の部分である。国内では１００円で売り、輸出では50円で売った場合、輸出向け販売量については、国内販売価格１００円と輸出価格50円との差額を、あとから政府が生産者ないし輸出業者に補塡する。これが廃止されることになっている。

しかし、アメリカの「不足払い」は、国内でも輸出でも50円で売って、あとからまとめて100円との差が補塡されるので、図のA＋Bを補塡していることになる。誰が見ても、明らかにAを含んでいるから、Aの部分は輸出補助金になりそうなのに、これがOKなのである。

これは、輸出補助金は、「輸出に特定した」（export contingent）支払いであるから、この場合は、輸出に特定せずに、国内向けにも輸出向けにも支払っているので輸出補助金にならないというのである。

さらに言えば、世界的にも最も農業保護が少ないとされるオーストラリアも実質的な輸出補助金を活用してきた。しかも、これは、日本の消費者がうどんを食べるために支払っている金額が、オーストラリア政府から支払われる輸出補助金の代わりをしているというものである。

図表5-6で見ると、日本（外国1）はオーストラリアからASWというどん用の小麦を、150円で買っているが、同じ品質の小麦をオーストラリアは50円で韓国など（外国2）に販売している。そして、平均価格の100円がオーストラリアの生産者に支払われる。これは、輸出市場間におけるダンピングである。輸出補助金にあたるAは、オーストラリア政府からは支払われないが、日本の消費者が高く買うことで生じた黒いCの部分

がAを埋めている。これも経済学的には、消費者負担型の輸出補助金である。

この点は、私も英文のペーパーをジュネーブのWTO事務局に提出して問題を指摘したが、オーストラリア政府は、この「価格差別」を行っているAWB（独占的な小麦輸出機関）は民営化されたので、データがないとして、データの提出を拒否してでも、こうした措置を輸出補助金としてカウントすることを阻止する姿勢を示した。

この消費者負担型の隠れた輸出補助金は、カナダのように国内市場と海外市場でのダンピングの場合は問題視され、カナダは廃止する方向で対応しているのに対して、海外市場間でのダンピングは、オーストラリアの抵抗もあり、灰色のままである。

ところで、さらに驚くべきことに、このような実質的な輸出補助金額は、アメリカでは、多い年では、コメ、トウモロコシ、小麦の3品目だけでも合計で約4000億円に達している。さらに、これも十分な規律がない輸出信用（焦げ付くのが明らかな相手国にアメリカ政府が保証人になって食料を信用売りし、結局、焦げ付いてアメリカ政府が輸出代金を負担する仕組み）でも4000億円、食料援助（全額補助の究極の輸出補助金）で1200億円と、これらを足しただけでも、約1兆円の実質的輸出補助金を使っている。

我が国は、価格が高いが品質がよいことを武器に、輸出補助金なしで農産物輸出振興を図るとしているが、アメリカ・オーストラリアといった輸出国は、価格は元々日本より安いのに、さらに輸出補助金を多用して世界に売りさばいているのだから、この点でも、日本の農産物輸出振興はなかなか前途多難である。

③欧米各国の酪農への徹底した支援

高関税・価格支持・輸出補助金の3点セットで仕組まれている酪農についても実態を見てみよう。

欧米で我が国のコメに匹敵する基礎食料の供給部門といわれる酪農については、「欧米で酪農への保護が手厚い第一の理由は、ナショナル・セキュリティ、つまり、牛乳を海外に依存したくないということだ」（コーネル大学カイザー教授）、「牛乳の腐敗性と消費者への秩序ある販売の必要性から、アメリカ政府は酪農を、ほとんど電気やガスのような公益事業として扱ってきており、外国によってその秩序が崩されるのを望まない」（フロリダ大学キルマー教授）といった見解にも示されているように、国民、特に若年層に不可欠な牛乳の供給が不足することは国家として許さない姿勢がみられる。我が国のように牛乳・乳製品の自給率が70％に満たなかったら、欧米では社会不安が生じるのではないだろうか。

酪農品の国際競争力は、オーストラリアとニュージーランドが突出して強いため、EU諸国やアメリカといえども、輸出力で勝てないのはもちろん、オセアニアからの輸入を制限する防波堤（保護措置）がなければ、国内自給さえ確保することができないのである。

そこで、EUもアメリカも乳製品には高関税を課し、国内消費量の5％程度のミニマム・アクセスに輸入量を押さえ込んでいる（ミニマム・アクセスは本来、低関税の輸入機会の提供であり最低輸入義務ではないから、実際は枠が未消化の場合が多い）。その上で、国内の余剰乳製品は政府が買取価格を設定して買い入れ、過剰在庫が生じれば、輸出補助金を使った輸出か、食料援助によって海外市場に仕向けられる。

こうして、本来ならオセアニアからの最大の輸入国になるはずのEUやアメリカが、逆に輸出国になり得ているのである。決して競争力があるから輸出しているのではない。

現実は通説の逆

つまり、アメリカなどは農業の国際競争力があるから輸出国になり、100％を超える自給率が達成されていると説明されるが、これは間違いである。欧米諸国の自給率・輸出力の高さは、競争力のおかげではなく、手厚い戦略的支援の証ともいえるのである。換言すれば、我が国の自給率の低さは過保護のせいではなく、保護水準の低さの証なのだ。

農産物輸出大国といわれるアメリカやオーストラリアが、実は、そこまでして、戦略的に食料生産を位置づけ、国内供給を満たすどころかそれ以上を増産し、世界に貢献、あるいは、世界をコントロールするための武器として食料生産を支援しているのかということを、我々も学ぶ必要があろう。

「現実は通説の逆」という点で、ひとつ付け加えておきたいのが、「農業が障害だからいままでのFTAも進まなかった。だからもうショック療法でTPPしかない」という議論のウソである。筆者の経験では、農業が足かせとなってFTAが決まらなかったことは、現実にはほとんどない。筆者は、日韓、日チリ、日中韓FTAなど数多くのFTA産官学共同研究会委員を務め、FTAの事前交渉に数多く参加してきたので、その実態をよく把握している。

例えば、日韓FTA交渉が農業のせいで中断しているというのはウソである。韓国の素材・部品産業が日本からの輸出で被害を受けるのは政治問題になるので何とか日本からも一言でいいから技術協力について触れてくれと韓国政府が頭を下げたのに対して、日本の業界と所轄官庁が「そこまでして韓国とFTAをやるつもりは最初からない」という趣旨の回答をしたからである。韓国は、「あなたたちが一番やりたいと言っていたんじゃないですか」と怒って、交渉は中断した。しかし記者会見になると、「農業のせいで決まらなかった」と説明されたため、日本の新聞はいっせいに「また農業が止めた」と書く。こんなことが繰り返されているのが実態である。

ＦＴＡ交渉において農業分野が問題になることもあるが、農業はむしろ「コメの関税はゼロにはできないけれどもタイの農業発展のために技術協力しましょう」と申し出て、いち早く合意している。最後までもめたのは自動車である。タイもマレーシアも農業が先に決まって自動車が最後まで残った。

サービス分野もそうである。日本はサービス分野の自由化はあまりできない。ＴＰＰで本当に譲るつもりがあるのかも疑われる。看護師やマッサージ師について、いままでもずいぶんたくさんの国から言われたが、所轄官庁は「足りている」の一点張りだった。金融関係でも、日韓ＦＴＡの共同研究会は全部で8回やったが、所轄官庁は一度もテーブルにつかなかった。なぜか。金融関係で日本が譲ることはひとつもないので、交渉のテーブルにつく時間がもったいないというのであった。これくらい徹底しているのがサービス分野である。

そういう意味では、一番障害になっていると言われている農業が、関税撤廃の難しい品目があっても実は一番誠意を持ってやっていると言っても過言ではない。

第6章　日本の進むべき道、「強い農業」を考える

「価値」のアップグレードをはかるスイス

日本において「強い農業」と言えるのは、一体どのような農業なのか。いままで議論したように、それは単純に規模を拡大してコストダウンすることではない。それでは、オーストラリアなどと同じ土俵で競争することになり、とうてい勝負にならない。基本的に日本の農業はオーストラリアなどよりも圧倒的に小規模なのだから、少々値段が高いのは当たり前で、高いけれどもモノが違う、品質がよいということが、本当に強い農業の源になる。このことを生産者と消費者が双方に納得する「つながり」が重要である。

それは、先述の通り、スイスではすでに実践されている。そのキーワードは、ナチュラル、オーガニック、アニマル・ウェルフェア（動物愛護）、バイオダイバーシティ（生物多様性）、そして美しい景観である。生産コストだけではなく、生産過程においてこれらの様々な要素を考慮して、丁寧な農業をする。そうすれば、できたものは人の健康にも優しく本当においしいということが消費者にも理解される。それは値段が高いのでなく、その値段で当然なのだと国民が理解しているからなのだ。だから、生産コストが周辺の国々よりも3割も4割も高くても、決して負けてはいない。

先述した１個80円もする国産の卵を買って、「これを買うことで、農家の皆さんの生活が支えられる。そのおかげで私たちの生活が成り立つのだから当たり前でしょ」と、いとも簡単に答えたスイスの女の子の話に象徴される意識の高さには、日本は相当に水を開けられている感がある。しかし、日本の消費者は価値観が貧困だから駄目だといってしまえば、身も蓋もない。スイスがここまでになるには、本物の価値を伝えるための関係者の並々ならぬ努力があった。

日本と一番違うのは、スイスではミグロ（Migros）という生協が食品流通の３分の１弱のシェアを占めているので、生協が「本物にはこの値段が必要なんだ」と言えば、それが通るということである。一方で日本では、農協にも生協にも、１組織でそれだけの大きな価格形成力はない。しかし、個々の組織の力は大きくなくても、ネットワークを強めていくことで、かなりのことができるはずだ。

スイスでは、ミグロと農協などが連携して、生産過程に基準を設定して、環境、景観、動物愛護、生物多様性などに配慮して生産されたという「物語」と、できた農産物の価値を製品に語らせることで販売拡大を進めた。その結果、それがスイス全体に普及し、それを政府が公的な基準値に採用することになったので、ミグロは、それでは差別化ができなくなると、さらに進んだ取組や基準を開発して独自の認証を行うというサイクルが生じた。このようなサイクルの中で、農産物価値のアップグレードと消費者の国産農産物への信頼強化に好循環が生まれている。こうした農家、農協、生協、消費者などとの連携強化は、我が国でも期待したい。

さらに、同じような価値観の転換として、日本の産直運動を模範としてアメリカやフランスで始まっている新たな動きに注目したい。アメリカのCSA(Community Supported Agriculture)や、フランスのAMAP《アマップ》(Association pour le Maintien d'une Agriculture Paysanne)などは、地域の農業を守ろうと立ち上がった、消費者サイドからの働きかけによるプロジェクトである。これらは、そもそも、日本の産直運動である「提携」を模範としたものだから、元来、日本の消費者には、そういう意識があるはずだろう。

CSAとは、「地域で支える農業」の略で、消費者や販売者などが、生産者と連携あるいは生産者を支援し、自分たちの食料生産に自分たちも積極的に関わる、という形の農業を意味する。もともとは、公害病が多発した高度経済成長期の日本で、生産者と消費者による「提携」という形の営農形態でスタートしたものが、「teikei」という言葉とともにアメリカにわたって発展した。現在ではアメリカがCSAの先進地となっているという。

単純に言えば、「消費者はおいしくて出所のはっきりした安全な食料供給を受ける代わりに、その農地・農家をしっかり支援する。農家もそれに応えるべく良い農産物を作ることに専念する。そして天候不順による不作などのリスクも共有する」というものである。

フランスにも同様の農業組織が1200以上あり、生産者と周辺に住む消費者が契約を結ぶ提携システムで成り立っている。このAMAPはアメリカのCSAがフランスの農業従事者のダニエル・ブイオン氏の目に触れ、2001年に南フランスで創設されたものだという。消費者は生産者に半年から1年分の代金を前払いし、収穫の繁忙期には時間のある消費者が無償で手伝いにいくこともある。そうすることで、生産者は消費者に支えられる形で資金繰りに困ることなく生産を続けられる。さらに、週一度、消費者自らが収穫物を引き取りに行くため、運送・梱包費用などのコスト削減にもなる。消費者が畑に触れる機会、そして生産者とのコミュニケーションの機会を持つことで、食の安全や農業への理解が一層深まるのだという。

グローバル化の流れの中で、小規模ながら顔の見える農業のあり方が再発見されている。「食の戦争」に巻き込まれずに、子供たちの命と健康を守るには、本物を提供する生産者とその価値を評価できる消費者との絆が不可欠である。もちろん、日本でも、こうした取組みは一部で熱心に推進されているが、さらに大きく拡大するためには、日本発で世界の模範となった取組みの良さを見直し、「teikei」を逆輸入して、「本家」の底力を発揮すべきときではないだろうか。

食料の国家戦略の再構築

「強い農業」を実現するために、国家戦略としてはどのようなことが必要だろうか。

水田の4割も生産抑制(減反)するために農業予算を投入するのではなく、国内生産基盤をフルに活かして、「いいものを少しでも安く」売ることで販路を拡大する戦略が必要である。米粉、飼料米などに主食米と同等以上の所得を補塡し、販路拡大とともに備蓄機能も活用しながら、将来的には主食の割り当ても必要なくなるように、全国的な適地適作へと誘導すべきである。

さらに、将来的には日本のコメで世界に貢献することも視野に入れて、日本からの輸出や食料援助を増やす戦略も重要である。備蓄運用も含めて、そのために必要な予算は、日本と世界の安全保障につながる防衛予算でもあり、海外援助予算でもあるから、狭い農水予算の枠を超えた国家戦略予算をつけられるように、予算査定システムの抜本的改革が必要である。

地域の中心的な「担い手」への重点的な支援強化も必要だろう。就農意欲のある若者や他産業からの参入も増加傾向にあるが、新規参入者の経営安定までには時間がかかる。だから、定着率が9割にも達するといわれるフランスのように、新規参入者には10年間の長期的な支援プログラムを準備するなど、集中的な経営安定対策を仕組む必要があるだろう。

また、集落営農（「集落」を単位として組織的に行われる農業）などで、他産業並みのオペレーター給与（トラクターに乗り刈取りなどの作業を担当する人の給与）が確保できるシステムづくりと集中的な財政支援を行う必要がある。20～30ha規模の集落営農型の経営で、十分な所得を得られる専従者と、農地の出し手であり軽作業を分担する担い手でもある多数の構成員とが、しっかり役割分担しつつ成功しているような持続可能な経営モデルを確立する必要がある。

その一方、農業が存在することによって生み出される多面的機能の価値に対しては、農家全体への支払いを、社会政策として強化すべきであろう。これは、担い手などを重点的に支援する産業政策とは明確に区別する必要がある。棚田の景色を見ればわかるように、農業の持つ多面的な機能に対する対価としての社会・環境政策的な支援と、地域の農地を中心的に担っていく農家の所得を支える産業政策としての支援とをしっかり区別しなければならない。そうすることで、バラマキとの批判を受けない説明が国民に対してできるだろう。

また、兼業農家の果たす役割にも注目すべきである。特に稲作では生産の7割が兼業農家によって支えられており、しかも稲作収益が赤字のなかでも、兼業収入をつぎ込むことで、コメ生産を継続してくれているのである。兼業農家の現在の主たる担い手が高齢化していても、兼業に出ていた次の世代の方が定年帰農し、また、その次の世代が主として農業以外の仕事に就いて、という循環で、若手ではなくとも稲作の担い手が確保されるなら、一農家総体としては合理的で安定的で、一種の「強い」ビジネスモデルである。こうした循環を「定年帰農奨励金」でサポートすることも検討されてよい。

被災地の復旧・復興も基本は、「コミュニティの再生」である。「大規模化して、企業が経営すれば、強い農業になる」という議論は短絡的である。被災した地域に人々が住んでいて、暮らしがあり、生業《なりわい》があり、コミュニティがあるという視点が欠落している。そもそも、個別経営も集落営農型のシステムも、成功している人々は、地域全体の将来とそこに暮らす住民みんなの発展を考えて経営している。だからこそ、信頼が生まれて農地が集まり、地域の人々が役割分担して、水管理や畦の草刈りなども可能になる。そうして、経営も地域全体も共に元気に維持される。20〜30ha規模の経営というのは、地域での支え合いがあって成り立つのであり、大企業が農業に参入してやればよいという考え方とは決定的に違うのである。

地域に根ざした「強い農業」

日本でも、農業が地域コミュニティの基盤を形成していることを実感し、食料が身近で手に入る価値を共有し、地域住民と農家が支え合うことで自分たちの食の未来を切り開こうという自発的な地域プロジェクトが芽生えつつある。「身近に農があることは、どんな保険にも勝る安心」（民俗研究家の結城登美雄氏）であり、地域の農地が荒れ、美しい農村景観が失われれば、観光産業も成り立たなくなるし、商店街もさびれ、地域全体が衰退していく。これを食い止めるため、地域の旅館などが中心になり、農家の手取りが、コメ1俵1万8000円を確保できるように購入し、おにぎりをつくったり、加工したり、工夫して販路を開拓している地域もある。

こうした動きが広がることこそが海外からの輸入作物に負けずに国産農産物が売れ、条件の不利な日本で農業が産業として成立するための基礎条件であり、この流れが全国的なうねりとなることによって、何物にも負けない真の「強い農業」が形成される。

また、先のスイスの卵の例では消費者がその価値を評価して高値で買っていると紹介したが、スイスでは生産費用も高いので、政府がその費用を負担している。つまり、高くても買おうと消費者が判断するのと同様の根拠（環境、動物愛護、生物多様性、景観など）に基づいて、農家に直接支払いをする。その結果、スイスの農家の農業所得の95％が政府からの直接支払いで形成されている。

イタリアの稲作地帯では、水田にオタマジャクシが棲めるという生物多様性、ダムとしての洪水防止機能、水を濾過してくれる機能、こういう機能がコメの値段に十分反映できていないなら、みんなでしっかりとお金を集めて払わないといけないとの感覚が直接支払いの根拠になっている。

根拠をしっかりと積み上げ、予算化し、国民の理解を得ている。スイスでは、環境支払い（豚の食事場所と寝床を区分し、外にも自由に出て行けるように飼うと）230万円、生物多様性維持への特別支払い（草刈りをし、木を切り、雑木林化を防ぐことでより多くの生物種を維持する作業）170万円などときめ細かい。消費者が納得しているから、直接支払い

図表6-1　コメ関税撤廃の経済厚生・自給率・環境指標への影響試算

変数		現状	コメ関税撤廃
日本	消費者利益の変化（億円）	―	21,153.8
	生産者利益の変化（億円）	―	−10,201.6
	政府収入の変化（億円）	―	−988.3
	総利益の変化（億円）	―	9,963.9
	コメ自給率（%）	95.4	1.4
	バーチャル・ウォーター（km³）	1.5	33.3
	農地の窒素受入限界量（1000トン）	1,237.3	825.8
	環境への食料由来窒素供給量（1000トン）	2,379.0	2,198.8
	窒素総供給/農地受入限界比率（%）	192.3	266.3
	カブトエビ（億匹）	44.6	0.7
	オタマジャクシ（億匹）	389.9	5.8
	アキアカネ（億匹）	3.7	0.1
世界計	フード・マイレージ（ポイント）	457.1	4,790.6

資料: 筆者らによる試算。

もバラマキとは言われないし、生産者は誇りをもって農業をやっていける（安く売って補塡で凌《しの》ぐのでは誇りを失うとの農家の声も多いので、農家の努力に見合う価格形成を維持し、高く買ったメーカーや消費者に補塡するような政策も検討すべきではあるが）。

逆にこれまでは、価格に反映されない食料生産の価値を理解してもらう努力が、生産者サイドには欠けていたのではないだろうか。

コメの関税撤廃は何をもたらすか

ここで、コメの関税を完全に撤廃した場合にどういうメリット、デメリットが生じるかを試算した図表6－1を見てほしい。日本がコメ関税をゼロにした場合に消費者のみなさんは安いおコメが買えるから、2兆1000億円得する。しかしその一方で、生産者は1兆円の損失を被る。政府の関税収入は1000億円ぐらい減るので、3つを差し引きすると、9963・9億円、つまり、日本の社会全体としてはほぼ1兆円得することを示している。だから日本で食料生産は要らないというのが、外部効果（農業の多面的機能）を無視したTPPの論理である。

しかし、それによって失うものは他にも数多くある。例えば、水田が壊滅的に減ると、オタマジャクシが約400億匹くらい死んでしまうというのが我々の試算である。それから、コメの自給率が1・4％になってしまったら、国家としてのセキュリティ上、大きなリスクをかかえることになる。それから、フード・マイレージが約10倍に増える、つまり、コメ輸送に伴うCO_2の排出が10倍に増えたら地球温暖化につながる。フード・マイレージとは、輸入相手国別の食料輸入量に、当該国から輸入国までの輸送距離を乗じ、その国別の数値を累計して求められるもので、単位はtkm（トン・キロメートル）で表わされ、遠距離輸送に伴う消費エネルギー量増加による環境負荷増大の指標となる（農林水産省の中田哲也氏らによる）。

さらに、バーチャル・ウォーター（東大の沖大幹《おきたいかん》教授による）は1・5が33・3ということで、コメ生産が激減すれば、いまより22倍の水が日本で節約できるということだが、水の比較的豊富な日本で水を節約して、すでに水が足りなくて困っているカリフォルニアやオーストラリアで環境を酷使するのは地球全体の水収支から見て非効率ではないかという視点がある。つまり、コメ輸入の増加は、それだけ国際的な水需給を逼迫させる可能性を意味する。バーチャル・ウォーターとは、輸入されたコメをかりに日本で作ったとしたら、どれだけの水が必要かという仮想的な水必要量の試算である。

さらに、安ければ輸入に置き換えていけばいいという単純な議論が危険なことは、窒素収支の視点からもわかる。先述のとおり、我が国の窒素収支は、長期的に過剰基調を強めている。これは、一つには、食料や飼料の海外依存が強まり、総量として日本に供給される窒素量は増加しているのに対して、一方で、国産農畜産物の生産の漸減に伴い農地は減少してきたため、農地を含む環境が受け入れられる窒素の許容量が減少してきているからである。農業は、肥料の過剰投入等によって環境に負荷を与えており、国土保全や農村景観等の多面的機能を差し引いても、トータルでは環境にマイナスであるから、原野に戻した方がいい、したがって、保護削減や食料貿易の自由化は環境にプラスであるという意見も強い。

しかし、日本の長期的な窒素収支の変化を顧みてもわかるように、日本農畜産業の縮小は、日本における環境負荷を高める可能性がある。極端な事態を想定すれば、わかりやすい。TPP交渉が進展し、食料貿易の自由化が徹底され、日本から農畜産業がなくなり、農地や牧場が消えたとする。すべての食料は海外から運ばれてくる。農地の一部は原野に戻るかもしれないが、農業を離れた人々が他産業に従事するから、多くの土地が他産業に使用され、日本は製造業とサービス業の国になる。そうすると、海外から食料として入ってくる窒素と国内の産業活動から排出される窒素を最終的に受け入れる農地や自然環境が少ないため、窒素収支は大きな供給超過になるという危険性がある。

以上のように、コメの完全な貿易自由化が日本に1兆円の利益をもたらすという議論は、それによって失われる外部効果を考慮していない。これらの外部効果指標は、図表6-1のような技術指標としての数値化は可能だが、それを簡単に金額換算して、狭義の経済性指標の純利益の1兆円の利益よりも軽視されていいというものではない。社会全体で十分に議論し、様々な人々の価値判断も考慮し、適切なウエイトを用いて、総合的な判断を行うべきものであろう。

将来を見すえたコメの備蓄構想

世界的なコメ輸出規制も教訓にして、東アジア諸国の水田を最大限に活用し、世界的な緊急時に備えた備蓄・援助体制も拡充していくことは、東アジアのコメによって、洞爺湖サミットで日本が提唱したことの責任を果たすことになる。

世界的な穀物の高騰と不足で貧しい途上国で暴動が発生するまでに至ったのを受けて、洞爺湖サミットでも、①途上国の穀物増産への支援、②穀物の国際備蓄体制の整備が提唱された。特に、コメについては、その技術力と潜在生産力がある東アジア諸国、とりわけ日本が世界をリードして、コメ増産への育種開発などの技術支援とともに、世界のコメ生産の中心である東アジアを軸にした有効なコメ備蓄システムの提唱を行うことが期待される。

2008年の食料危機に際しても、我が国がフィリピンに30万トンのミニマム・アクセス米の放出を発表した結果、2008年4月に1000ドルを超えた米価が800ドルまで急速に下がった。輸出規制が国際コメ相場に与える影響の大きさと、それに対して備蓄放出が相場を冷やすのに大きな効果を持つことについての検証は、すでに筆者らが試算を行っていた。

　これは、我が国のＷＴＯ提案として出された国際穀物備蓄構想の具体化として始められた東アジア米備蓄システムの構築事業の開始のための試算であった。我が国は、２０００年12月に、ＷＴＯ事務局に提出した「ＷＴＯ農業交渉日本提案」において、開発途上国の食料安全保障上の要請への対応として、２国間や多国間の食料援助のスキームを補完し、一時的な不足などの状況に際して現物の融資を行うことができる国際備蓄の枠組みを検討すべきであると提案していた。２００８年の「食料危機」で、この提案の意義が再確認された。

　具体化された「東アジア緊急米備蓄パイロット・プロジェクト」は、ＡＳＥＡＮ10ヶ国に日本、中国、韓国を加えた13ヶ国が緊急時に備蓄米を融通しあい、食料危機の国を支援するという「東アジア緊急米備蓄」構想の試験的な運営であった。

　各国の財政負担を減らすため、各国が通常保有する在庫のうち緊急時に放出可能な数量を申告する「イヤマーク備蓄」方式が特徴である。当初、日本が25万トン、ＡＳＥＡＮが9万トンといった数字を提示したが、韓国と中国との調整は遅れていた。これとは別に現物備蓄の造成も行う二本立てになっている。

図表6-2　日韓中FTAにおけるコメ関税削減と共通農業政策による妥協点

変数		単位	試算値
日本	生産	万トン	780.8
	需要	万トン	906.3
	自給率	%	86.2
	補填基準米価	円/kg	200
	市場米価	円/kg	126.5
	中国からの輸入	万トン	125.5
	関税率	%	186.424
	日本への必要補填額①+②-③	億円	4,708.1
	生産調整①	億円	0
	直接支払い等②	億円	5,741.1
	関税収入③	億円	1,033.0
	日本の負担額	億円	4,000.0
	農地の窒素受入限界量	千トン	1,219.2
	環境への食料由来窒素供給量	千トン	2,355.8
	窒素総供給/農地受入限界比率	%	193.2
韓国	生産	万トン	611.8
	需要	万トン	748.2
	自給率	%	81.8
	補填基準米価	円/kg	150
	市場米価	円/kg	116.5
	中国からの輸入	万トン	136.4
	関税率	%	186.424
	韓国への必要補填額①-②	億円	1,012.7
	直接支払い等①	億円	2,047.3
	関税収入②	億円	1,034.6
	韓国の負担額	億円	1,242.0
中国	生産	万トン	17,786.9
	需要	万トン	17,525.0
	米価	円/kg	37.8
	輸出計	万トン	261.9
	日本への輸出	万トン	125.5
	韓国への輸出	万トン	136.4
	中国への必要補填額	億円	0
	中国の負担額	億円	478.8

資料：筆者試算。
注：日韓中のGDP比（70:22:8）に応じた直接支払いで農家手取米価を日本200円/kg、韓国150円/kgに補填し、日本の財政負担を4,000億円に抑える関税率を求めた。

13ヶ国すべてに支援を義務づけるのではなく、ある国で大規模な災害が発生するなどして深刻な食料危機に陥った時点で、備蓄米に余裕のある国が有償でコメを供給する。具体的には、例えば、インドネシアに支援が必要な事態が発生した場合、日本がコメを提供し、国際価格水準（タイ価格）で代金を貸し付けることになる。日本での価格と国際価格による貸付額との差額は、日本の負担になる。それは日本全体のODA（開発援助）予算ではなく、農林水産省の食糧管理特別会計から負担されることになっていた。

各国の貢献としては、我が国とタイが調整国になり、我が国は、我が国の備蓄米を活用したイヤマーク備蓄等の貢献だけでなく、事務局運営への財政支援を行い、タイは、事務局オフィスの提供などを行った。

一方で、タイは、2008年4月30日、コメ価格安定のためとして、OPEC（石油輸出国機構）にならって、OREC（コメ輸出国機構）を、タイ、ベトナム、カンボジア、ミャンマー、ラオスで構築する構想を発表した。

そもそも、この構想は、タイとベトナムのコメの輸出競争によって長らくコメの国際価格が低迷していたときに、協調的な競争制限（輸出量の抑制的コントロール）によって、コメ価格を上昇させる手段として、以前からタイ・ベトナム間で議論されていたものである。このような「価格つり上げ」のための機構を、価格高騰で世界が悩んでいるときに持ち出したため、コメ輸入国から反発の声が上がったのは当然である。

このようなカルテルが結成されたら、いつでも簡単に、コメの輸出制限が生じ、国際コメ価格が高く維持されてしまう危険があるということである。

こうした動きを牽制するためには、常に国際市場に放出できるコメが十分存在する状態を維持すべく、コメの生産力に大きな余力を持っている東アジア諸国が主導的に取り組むことが求められる。東アジアにおける広域の経済連携協定の中に、こうした食料備蓄システムを組み込むことが有効と思われる。

アジアとの連携を足掛かりに

経済連携についても、TPPは極論であることは、すでに繰り返し述べたとおりである。歴史的には難しい問題はあっても、地理的にも歴史的にも文化的にも経済的にも共通性も多いアジア諸国と、もっとお互いを思いやって例外もそれなりに認めながら、お互いが幸せになれるような互恵的な経済連携を進めることが日本の国益に合致していることは本書でも示したとおりである。それができればアメリカとも対等の友好関係ができる。

ところが、アメリカはアジアがアメリカ抜きでまとまることは絶対許さないと言い続けてきた。ＴＰＰを推進する人々が言う「ＴＰＰがアジア・太平洋のルールになるから入らないと日本は〝ガラパゴス〟になる」とか「アジアの成長を取り込むにはＴＰＰ」といった見方は当面はウソである。あるアメリカ大使館員の方は筆者に説明した。「ＴＰＰは中国包囲網だ。日本は中国が怖いのだから入らなけりゃだめでしょ」と。

中国もインドネシアもインドも韓国も、ＴＰＰにはＮＯと言っている。当面はＴＰＰでアジアが分断されて、アメリカの利益には都合がよい。そして、これだけ経済規模の大きい日本がＴＰＰに参加すれば、周辺の国々もゆくゆくは入らざるを得なくなり、最終的に中国も包囲されて入らざるを得ないようなことになれば、アメリカ抜きのアジア圏でなく、アメリカの巨大企業の利益を最大化できるアジア太平洋圏を形成できる。すでに、カナダは日本の参加を想定して日本との貿易が不利になることを恐れてＴＰＰに参加表明した。

ＡＳＥＡＮは野田総理が２０１１年11月にハワイでＴＰＰへの参加意向を表明したすぐ後に宣言を出した。「ＴＰＰではアジアの途上国の将来はない。アジアに適した柔軟で互恵的なルールはＡＳＥＡＮが提案する」と。本来、それを提案すべきは日本であるのに、その日本は誰が見てもアメリカに尻尾を振ってついていくだけにしか見えない。ＴＰＰに日本が参加するかどうかの判断は、アジアや世界の将来を一部の企業利益が席巻する社会にしてしまうか、世界の均衡ある発展と幸せな社会につなげられるかの「岐路」なのである。

そのためにも、TPPでない柔軟で互恵的なアジア中心の経済連携の将来構想を具体的に示すことが不可欠である。欧州圏や米州圏の統合が拡大するのにともなって、政治経済的カウンターベイリング・パワー（拮抗力）として、日本はアジアとともに持続的な経済発展を維持し、国際社会における地位を強化すべきとの認識も強まっている。

例えば農業については、新大陸型の大規模畑作経営をベースにしたアメリカ、オーストラリアなどの市場開放の主張に対する拮抗力として、零細な水田稲作をベースとする固有の共通性を持つ東アジア諸国がまとまり、世界の多様性が認められるような国際貿易ルールを共同提案していくことが有効ではないかという視点もある。

しかし、東アジアでまとまれば安泰と考えるのも幻想だ。東アジアの中にあっても、現時点では、賃金水準などに基づく生産費の大幅な格差といった異質性も大きいからだ。

したがって、賃金格差に基づく大きな生産費格差という異質性を克服して、東アジア各国の農業が共存できるようなFTA利益の再分配政策としての「東アジア共通農業政策」

を仕組めるかどうかが、東アジアがまとまるための大きな鍵を握っている。ドイツがEU予算に最大の拠出をし、南欧の国々がその拠出を受け取る形で差し引き赤字になりながらEU統合に貢献してきたように、各国がGDPに応じた拠出による基金を造成し、偏在するFTA利益を再配分するシステムが必要なのである。つまり、EUのCAP（Common Agricultural Policy）を参考にしたアジア版の共通農業政策の策定が求められる。その具体像として筆者は、日韓中3国のコメに限定した試算ではあるが、次のようなシステムの実現可能性を提示している。

図表6-2（195頁）は、3国間のコメ関税削減による影響を緩和するために3国のGDP比（70：22：8）に応じて造成した共通財源から補塡することにし、日本における補塡基準米価を1俵（60kg）1万2000円程度に設定し、日本の財政負担額が現在と同じ4000億円に収まるには、日本のコメ関税率をどこまで下げられるかを試算したものである。その結果、日本のコメ関税率は現状の778％から186％程度まで引き下げられることを示した。

このとき、コメ自給率は大幅に低下することなく、環境負荷も大きく増大することなく、韓国・中国の負担額も大きくはなく、中国は輸出増による利益を得られる。かりに、関税をゼロに設定すると、日本と韓国への必要補塡額はそれぞれ1・3兆円、6600億円、日韓中の負担額はそれぞれ1・4兆円、4200億円、1600億円となり、各国、とりわけ日本の負担額が大きすぎて現実的ではないということがわかる。

このようなシステマティックなモデル試算により、設定を変更しつつ、様々なケースを議論していくことは、東アジア共通農業政策の具体像を詰め、東アジアにおける広域の経済連携協定の議論を前進させる足がかりになろう。

こうした努力を重ねることで、欧州圏・米州圏の拡大とのバランスを確保できるような、しっかりとした足場ができるのではないだろうか。

おわりに

人々が安全な食料を安定的に得られることは人間の生存に不可欠であり、国家として守るべき義務があるはずだが、むしろ、社会の相互扶助のルールを壊し、競争を徹底することで、それが崩されつつある。いま進んでいる事態は、安さを求める激しい競争の中で、安全性への配慮や安全基準がおろそかにされ、食料生産そのものや食ビジネスの利益が一部の国や企業に偏って、世界の人々への安全な食料の安定的な供給の確保が脅かされているという事態だ。

食だけではない。これ以上、一部の強い者の利益さえ伸びれば、あとは知らないという政治が強化されたら、日本が伝統的に大切にしてきた助け合い、支え合う安全・安心な社会は、さらに崩壊していく。競争は大事だが、あまりにも競争に明け暮れる日々は人身も蝕み、人々は心身共に疲れ果てる。

本書においても述べたとおり、日本には、新大陸と呼ばれるアメリカ、オーストラリア、ニュージーランドとは、まったく異質の歴史、伝統、文化、地域コミュニティがある。そこで、効率の名の下に、土地を集約して少数で大規模にやればよいという方向を目指せば、多くの人々は住めなくなってしまう。極端だが、かりに、日本の土地面積をもってして、現在のオーストラリアの人口密度になったら、日本の人口は約110万人で終わりになってしまう。アメリカの人口密度なら、約1200万人しか住めない。いずれにしても、そこは日本の伝統、文化、地域コミュニティが完全に崩壊した社会であり、人々の暮らしが奪われる。多数の人々が幸せに暮らせることなくして、本当の意味での効率を追求したことにはならない。買い手もいなくなってしまったら、残った人々も結局は長期的には持続できないだろう。

ビジネスの基本は「売り手よし、買い手よし、世間よし」の「三方よし」でなくては持続できないことが忘れられている。「今だけ、金だけ、自分だけ」はその対極だ。大企業の経営陣も、「今だけ、金だけ、自分だけ」で、自らの目先の利益だけを追求していて、そんな生き方は本当に楽しいのだろうか。多くの人々の生活が苦しくなったら、自分たちも結局立ちゆかなくなることが、なぜわからないのだろうか。

大学の研究室秘書の日下京さんから『逝きし世の面影』（渡辺京二著、葦書房、1998年）という本の興味深い内容を紹介された。以下に引用させていただく（篠原孝氏の高著

『TPPはいらない!』〔日本評論社、2012年〕にも同様の引用がある)。

ハリス(Townsend Harris 1804〜78)が、一八五六(安政三)年九月四日、下田玉泉寺のアメリカ領事館に「この帝国におけるこれまでで最初の領事旗」を掲げたその日の日記に、「厳粛な反省——変化の前兆——疑いもなく新しい時代が始まる。あえて問う。日本の真の幸福となるだろうか」としるしたのは、まさに予見的な例といってよかろう(中略)。

ヒュースケン(Henry Heusken 1832〜61)は有能な通訳として、ハリスに形影のごとくつき従った人であるが、江戸で幕府有司と通商条約をめぐって交渉が続く一八五七(安政四)年十二月七日の日記に、次のように記した。「いまや私がいとしさを覚えはじめている国よ。この進歩はほんとうにお前のための文明なのか。この国の人々の質樸な習俗とともに、その飾りけのなさを私は賛美する。この国土のゆたかさを見、いたるところに満ちている子供たちの愉しい笑声を聞き、そしてどこにも悲惨なものを見いだすことができなかった私は、おお、神よ、この幸福な情景がいまや終わりを迎えようとしており、西洋の人々が彼らの重大な悪徳をもちこもうとしているように思われてならない」。

ヒュースケンはこのとき、すでに一年二ヵ月の観察期間をもっていたのであるから、けっして単なる旅行者の安っぽい感傷を語ったわけではない（中略）。

ポンペと同時期長崎に滞在したポルスブルックは、一八五八年初めて江戸入りした時、おなじような感想を抱いた。「私の思うところヨーロッパのどの国民より高い教養を持っているこの平和な国民に、我々の教養や宗教が押しつけられねばならないのだ。私は痛恨の念を持って、我々の侵略がこの国と国民にもたらす結果を思わずにいられない。時がたてば、分かるだろう」。

江戸時代を必要以上に称えるつもりはないが、ここで踏みとどまって「豊かさ」を問い直すときが来ていることは間違いない。幕末に日本に来た西洋人が、質素ながらも地域の人々が支え合いながら暮らす日本社会に「豊かさ」を感じたように、もともと我々は、貧富を問わず、またハンディのある人も、分け隔てなく共存して助け合って暮らしていける「ぬくもりある」地域社会を目指してきた。いまこそ、踏みとどまって、大震災においても見直された「絆」を大事にする日本人の本来の生き方を取り戻さないと、取り返しのつかないことになる。
　徹底的な規制緩和を断行し、市場に委ねれば、世界の経済的利益は最大化されるという論理は、単純明快だが、極めて原始的で幼稚である。突き詰めれば、政策はいらないのであるから、市場原理の徹底を主張する政治経済学者は、自分もいらないと言っているようなものである。それを徹底すれば、ルールなき競争の結果、一部の人々が巨額の富を得て、大多数が食料も医療も十分に受けられないような生活に陥る格差社会が生まれる。それでも、世界全体の富が増えているならいいではないかと言い続けるなら、そんな「経済学」に価値はない。しかし、平等を強調しすぎると、人々の意欲（インセンティブ）が削がれ、社会が活力を失う。だから、最適解は、その中間のどこかにある。その golden mean（中庸）を見つけることこそが、我々に求められている。経済学に価値がないのでなく、そのような golden mean の最適解を示せる経済学が必要なのである。

　もう一度問いたい。日本では、自己や組織の目先の利益、保身、責任逃れが「行動原理」のキーワードにみえることが多いが、それは日本全体が泥船に乗って沈んでいくことなのだということを、いま一度肝に銘じるときである。農産物を安く買いたたいて儲かっていると思っている企業や消費者がいたら、これも間違いである。それによって、国民の食料を生産してくれる産業が疲弊し、縮小してしまったら、結局、みんなが成り立たなくなる。

アメリカの攻撃的な食戦略は、〝食〟がいかに国民にとっての命綱であり、国家戦略の中枢を占める問題なのかという事の重みを教えてくれる。しかし、人々の生に直結する命綱をどう確保すべきなのか、世界各国の戦略をにらみながら、今こそ真摯に考えなければならないだろう。

本書の完成のために、資料収集、データ作成、アドバイスなど、様々なサポートで支えて下さった研究室秘書の日下京さんに感謝したい。また、本書を、内容の詳細も含めて企画し、粘り強く完成まで導いて下さった文春新書の鳥嶋七実さんに感謝したい。

鈴木宣弘（すずき　のぶひろ）
1958年、三重県生まれ。82年、東京大学農学部卒業。農林水産省（国際部国際企画課）、九州大学大学院教授、コーネル大学客員教授、東京大学大学院農業生命科学研究科教授を経て2024年より東京大学大学院農学生命科学研究科特任教授。専門は農業経済学。農業政策の提言を続ける傍ら、数多くのFTA交渉にも携わる。著書に『ＷＴＯとアメリカ農業』『食料を読む』（共著）『現代の食料・農業問題―誤解から打開へ―』『日豪ＥＰＡと日本の食料』など。

文春新書

927

食《しょく》の戦争《せんそう》　米国《べいこく》の罠《わな》に落《お》ちる日本《にほん》

2013年８月20日　第１刷発行
2025年６月５日　第11刷発行

著　者　　鈴　木　宣　弘
発行者　　大　松　芳　男
発行所　株式会社　文　藝　春　秋

〒102-8008　東京都千代田区紀尾井町3-23
電話（03）3265-1211（代表）

印刷所　　大日本印刷
製本所　　大　口　製　本

定価はカバーに表示してあります。
万一、落丁・乱丁の場合は小社製作部宛お送り下さい。
送料小社負担でお取替え致します。

ISBN978-4-16-660927-7